巧读建筑施工图系列

园林建筑施工图识读技法

（修订版）

乐嘉龙　王　喆　编著
吴　莹　代晓艳

时代出版传媒股份有限公司
安徽科学技术出版社

图书在版编目(C I P)数据

园林建筑施工图识读技法/乐嘉龙等编著. —2 版(修订本). —合肥:安徽科学技术出版社,2016.1

(巧读建筑施工图系列)

ISBN 978-7-5337-6817-1

Ⅰ.①园…　Ⅱ.①乐…　Ⅲ.①园林建筑-建筑制图-识别　Ⅳ.①TU986.4

中国版本图书馆 CIP 数据核字(2015)第 247416 号

园林建筑施工图识读技法(修订版)　　　　　　　　乐嘉龙　等 编著

出 版 人:黄和平　　　　选题策划:刘三珊　　　　责任编辑:刘三珊
责任校对:程　苗　　　　责任印制:廖小青　　　　封面设计:王　艳
出版发行:时代出版传媒股份有限公司　　http://www.press-mart.com
　　　　　安徽科学技术出版社　　　　　http://www.ahstp.net
　　　　(合肥市政务文化新区翡翠路 1118 号出版传媒广场,邮编:230071)
　　　　　电话:(0551)63533323
印　　制:合肥创新印务有限公司　　　电话:(0551)64321190
(如发现印装质量问题,影响阅读,请与印刷厂商联系调换)

开本:787×960　1/16　　　印张:12.25　　　字数:261 千
版次:2016 年 1 月第 2 版　　2016 年 1 月第 3 次印刷

ISBN 978-7-5337-6817-1　　　　　　　　　定价:28.00 元

前　言

　　园林,在中国古籍里也称园、圃、苑、园亭、庭园、园池、山池、池馆、别业、
山庄等。它们的性质、规模虽不完全一样,但都具有一个共同的特点:即在
一定的地段范围内,利用并改造天然山水地貌,或者人为地开辟山水地貌,
结合植物的栽植和建筑的布置,从而构成一个可以供人们观赏、游憩、居住
的环境。

　　现在,为了满足普通居民户外生活的需要,城市经常会辟出专门地段来
建造适于群众性游憩及活动的公园、街心花园、林荫道等公共性质的园林。
园林建设已越来越受到政府建设部门的重视。

　　本书是"巧读建筑施工图系列"之一。书中对各种园林建筑施工图分别
进行了详细介绍,内容包括园林建筑总平面图以及平面、立面、剖面施工图,
绿化、水景施工图的编制,园林建筑的基本表示方法;平面图、剖面图以及绿
化总平面图、剖面图,树木花卉的布置图;水景、景观的平面图及剖面图进行
施工等。为了便于读者学习和掌握书中内容,书末还附有《总图制图标准》
节录、《建筑制图标准》节录(2010 年新版)和园林建筑施工图实例及识图点
评,有很强的实用性和针对性。

　　本书既可作为从事园林建筑施工技术人员学习园林建筑的指导书,也
可供建筑行业其他工程技术人员及管理人员工作时参考。

编　者

目　　录

第一章　园林建筑总平面、平面、立面、剖面施工图 ……………………… 1

　第一节　园林建筑总平面图 ……………………………………………… 2

　　一、用途 ………………………………………………………………… 2

　　二、基本内容 …………………………………………………………… 2

　　三、看图要点 …………………………………………………………… 2

　　四、新建建筑物的定位 ………………………………………………… 3

　第二节　平面图 …………………………………………………………… 5

　　一、用途 ………………………………………………………………… 5

　　二、基本内容 …………………………………………………………… 5

　第三节　房屋平面图、立面图和剖面图 ………………………………… 7

　　一、房屋平面图 ………………………………………………………… 7

　　二、房屋立面图 ………………………………………………………… 8

　　三、房屋剖面图 ………………………………………………………… 8

第二章　园林建筑工程施工图的编制 …………………………………… 9

　第一节　园林建筑施工图概述 …………………………………………… 9

　第二节　施工图的分类和编排顺序 ……………………………………… 10

　　一、施工图的分类 ……………………………………………………… 10

　　二、施工图的编排顺序 ………………………………………………… 10

　第三节　识图应注意的问题 ……………………………………………… 10

第三章　园林房屋建筑图基本表示方法 ………………………………… 12

　第一节　房屋建筑的平面图、立面图、剖面图 ………………………… 12

　　一、平面图 ……………………………………………………………… 12

　　二、立面图 ……………………………………………………………… 12

　　三、剖面图 ……………………………………………………………… 13

　第二节　房屋建筑的详图和构件图 ……………………………………… 16

第四章　剖面图与截面图 ………………………………………………… 18

　第一节　剖面图 …………………………………………………………… 18

　　一、剖面图的形成 ……………………………………………………… 18

　　二、剖面图的种类 ……………………………………………………… 19

　　三、剖面图的画法 ……………………………………………………… 21

　　四、剖面图的应用 ……………………………………………………… 22

第二节　截面图 ……………………………………………… 26
　　一、截面图的形成 ………………………………………… 26
　　二、截面图的种类 ………………………………………… 27
第五章　基础图 …………………………………………… 28
第一节　地基 ………………………………………………… 28
　　一、地基土壤的分类 ……………………………………… 28
　　二、地基的分类 …………………………………………… 28
　　三、人工地基加固方法 …………………………………… 28
第二节　基础的类型与构造 ………………………………… 29
　　一、条形基础 ……………………………………………… 29
　　二、独立柱基础 …………………………………………… 32
　　三、板式基础 ……………………………………………… 32
第六章　墙体图 …………………………………………… 34
第一节　墙的类型及对墙的要求 …………………………… 34
　　一、墙的类型与作用 ……………………………………… 34
　　二、对墙的要求 …………………………………………… 35
　　三、墙体结构的布局方案 ………………………………… 35
第二节　砖墙的构造 ………………………………………… 37
　　一、砖墙的材料 …………………………………………… 37
　　二、砖墙的砌法 …………………………………………… 37
　　三、墙身节点构造 ………………………………………… 38
第三节　隔墙与隔断的构造 ………………………………… 42
　　一、隔墙 …………………………………………………… 42
　　二、隔断 …………………………………………………… 44
第四节　墙面装修 …………………………………………… 44
　　一、抹灰 …………………………………………………… 44
　　二、贴面 …………………………………………………… 45
　　三、喷刷 …………………………………………………… 45
　　四、裱糊 …………………………………………………… 46
第五节　防潮层 ……………………………………………… 47
第七章　楼梯图 …………………………………………… 48
第一节　楼梯的类型和组成 ………………………………… 48
　　一、楼梯的类型 …………………………………………… 48
　　二、楼梯的组成 …………………………………………… 49
第二节　钢筋混凝土楼梯的构造 …………………………… 49
　　一、现浇钢筋混凝土楼梯 ………………………………… 49
　　二、预制钢筋混凝土楼梯 ………………………………… 50
第三节　楼梯细部的构造 …………………………………… 54
　　一、踏步 …………………………………………………… 54

二、栏杆和栏板 ………………………………………………………………… 54

三、扶手 ………………………………………………………………………… 56

第八章 楼板及楼地面图 …………………………………………………… 57

第一节 楼板的类型与要求 …………………………………………………… 57

一、楼板的类型 ………………………………………………………………… 57

二、楼板的要求 ………………………………………………………………… 57

三、楼层的组成 ………………………………………………………………… 58

第二节 钢筋混凝土楼板 ……………………………………………………… 58

一、现浇钢筋混凝土楼板 ……………………………………………………… 58

二、预制钢筋混凝土楼板 ……………………………………………………… 59

第三节 楼地面 ………………………………………………………………… 62

一、楼地面的要求及组成 ……………………………………………………… 62

二、楼地面的种类及构造 ……………………………………………………… 62

第四节 踢脚线、墙裙构造 …………………………………………………… 66

一、踢脚线 ……………………………………………………………………… 66

二、墙裙 ………………………………………………………………………… 66

第九章 门与窗图 …………………………………………………………… 67

第一节 窗的种类与构造 ……………………………………………………… 67

一、窗的种类 …………………………………………………………………… 67

二、窗的一般尺寸 ……………………………………………………………… 68

三、木窗的组成与构造 ………………………………………………………… 69

四、钢窗及其构造 ……………………………………………………………… 71

第二节 门的种类与构造 ……………………………………………………… 72

一、门的种类 …………………………………………………………………… 72

二、门的符号 …………………………………………………………………… 72

三、门的一般尺寸 ……………………………………………………………… 72

四、木门的组成与构造 ………………………………………………………… 73

五、塑钢门及其构造 …………………………………………………………… 73

第十章 屋顶图 ……………………………………………………………… 75

第一节 屋顶的作用及类型 …………………………………………………… 75

一、屋顶的作用及要求 ………………………………………………………… 75

二、屋顶的类型 ………………………………………………………………… 75

第二节 坡屋顶的构造 ………………………………………………………… 76

一、坡屋顶的组成 ……………………………………………………………… 76

二、坡屋顶的支承结构 ………………………………………………………… 77

三、坡屋顶的屋面构造 ………………………………………………………… 78

四、坡屋顶的顶棚构造 ………………………………………………………… 82

五、坡屋顶的檐口构造 ………………………………………………………… 83

六、坡屋顶的排水与泛水 ……………………………………………………… 84

　　七、坡屋顶的保温、隔热和通风 ･････････････････････････････････ 85

　第三节　平屋顶的构造 ･･ 86

　　一、平屋顶的类型与组成 ･･･････････････････････････････････ 86

　　二、平屋顶的保温与隔热 ･･･････････････････････････････････ 89

　　三、平屋顶的排水和泛水 ･･･････････････････････････････････ 91

第十一章　园林景观施工图 ･･･ 94

　第一节　园林建筑概述 ･･ 94

　　一、园林建筑的功能 ･･･････････････････････････････････････ 94

　　二、园林建筑“构园无格” ･･････････････････････････････････ 94

　　三、园林建筑的景色要富于变化 ･･･････････････････････････ 94

　　四、园林建筑是园林与建筑的结合体 ･･･････････････････････ 94

　　五、园林建筑要继承和发扬中国古典园林的优良传统 ･･･････ 94

　第二节　园林建筑中的亭 ･･･････････････････････････････････････ 103

第十二章　园林建筑识读图例 ･･･････････････････････････････････････ 107

　　一、清式攒尖顶亭的结构 ･･･････････････････････････････････ 107

　　二、中国南方攒尖顶亭 ･････････････････････････････････････ 108

　　三、廊如亭与十七孔桥、南湖岛之间的构图 ･････････････････ 109

　　四、桂林七星岩洞口的亭与廊 ･･･････････････････････････････ 109

　　五、桂林七星岩洞口休息亭、廊平面图 ･･･････････････････････ 110

　　六、苏州天平山御碑亭 ･････････････････････････････････････ 110

　　七、苏州天平山白云亭 ･････････････････････････････････････ 111

　　八、苏州天平山白云亭平面图 ･･･････････････････････････････ 111

　　九、广州兰圃单位空廊的透视图和平面图 ･･･････････････････ 112

　　十、北京颐和园长廊平面图 ･････････････････････････････････ 113

　　十一、苏州留园折廊平面图 ･････････････････････････････････ 113

　　十二、无锡锡惠公园“垂虹”爬山游廊的正立面和平面图 ･････ 114

　　十三、北京紫竹院公园水榭平面图 ･･･････････････････････････ 114

　　十四、广州文化公园——园中院的横剖面和平面图 ･･･････････ 115

　　十五、广州白天鹅宾馆的室内园林和平面图 ･････････････････ 116

　　十六、广州白云宾馆中庭及其平面图 ･･･････････････････････ 117

　　十七、承德避暑山庄烟雨楼的立面和平面图 ･････････････････ 119

　　十八、北京圆明园的总平面图 ･･･････････････････････････････ 120

　　十九、苏州拙政园北寺塔 ･･･････････････････････････････････ 121

　　二十、北京北海琼岛春阴建筑群 ･････････････････････････････ 121

　　二十一、18 班中学环境设计 ･･･････････････････････････････ 122

　　二十二、18 班中学环境详细设计 ･･････････････････････････ 123

　　二十三、12 班中学环境设计 ･･･････････････････････････････ 124

　　二十四、跌水池做法 ･･･････････････････････････････････････ 125

　　二十五、游船码头做法 ･････････････････････････････････････ 126

二十六、亲水平台做法 ……………………………………………… 127

二十七、自行车棚做法 ……………………………………………… 128

二十八、围栏做法 …………………………………………………… 129

三十、门柱做法 ……………………………………………………… 131

三十一、艺术墙做法 ………………………………………………… 132

三十二、北京市某住宅小区绿化环境设计施工图 ………………… 133

附录 ………………………………………………………………… 156

一、《建筑制图标准》GB/T 50104－2010（节录）………………… 156

二、《总图制图标准》GB/T 50103－2010（节录）………………… 170

参考文献 …………………………………………………………… 185

第一章　园林建筑总平面、平面、立面、剖面施工图

园林的规模有大有小,内容有繁有简,但都包含着四种基本的要素,即土地、水体、植物、建筑。

土地和水体是园林的地貌基础。土地包括平地、坡地、山地,水体包括河、湖、溪、涧、池、沼、瀑、泉等。天然的山水需要加工、修饰、整理,人工开辟的山水不仅要讲究造型,而且还要解决许多工程问题。因此,"筑山"(包括地表起伏的处理)和"理水"就逐渐发展成为造园的专门技艺。植物栽培最早源于生产的目的,早先的人工栽植以提供生活资料的果园、菜畦、药圃为主,后来,随着园艺科学的发展,才有了大量供观赏之用的树木和花卉。现代园林的植物配置虽以观赏树木和花卉为主,但有时也辅以部分果树和药用植物,使园林与生产结合起来。建筑包括屋宇、建筑小品以及各种工程设施,它们不仅在功能方面必须满足人们的游憩、居住、交通和供应等需要,同时还以其特殊的形态成为园林景观中必不可少的一部分。建筑的有无是区别园林与天然风景区的主要标志。

古今中外的园林尽管内容极其丰富多样,风格也各自不同,但如果按照山、水、植物、建筑四者本身的经营和它们之间的组合关系来加以考查,则不外乎有以下 4 种形式。

1. 规整式园林

规整式园林的规划讲究对称均齐的严整性,讲究几何形式的构图。规整式园林中,建筑物的布局是对称均齐的,即植物配置和筑山理水是按照中轴线左右均衡的几何对称关系来安排的,着重强调园林总体和局部的图案美。

2. 风景式园林

风景式园林的规划与规整式园林相反,完全自由灵活而不拘一格。风景式园林有两个特点:一是利用天然的山水地貌并加以适当地改造和剪裁,在此基础上进行植物配置和建筑布局,着重于精练而概括地表现天然风景之美;二是将天然山水缩移,并模拟在一个小范围之内,通过"写意"式的再现手法得到小中见大的园林景观效果。

3. 混合式园林

混合园林即规整式与风景式相结合的园林。

4. 庭园

庭园是指以建筑物从四面或三面围合成一个庭院空间,在这个比较小而封闭的空间里面点缀山池,配置植物。庭院与建筑物特别是主要厅堂的关系很密切,可视为室内空间向室外的延伸。

目前,"现代园林"这一概念已不再仅是指那些局限在一定范围内的宅园、别墅、公园等

了。现代园林的内容扩大了,人们活动的绝大部分场所几乎都会和园林产生联系。城市的居住区、商业区、中心区、文教区以及公共建筑、广场等都加以园林化,郊野的风景名胜区、文物古迹也都结合园林的建设来经营。园林不仅是作为游赏的场所,人们还利用它来改善城镇的小气候条件,调节局部地区的气温、湿度、气流,以期保护环境、净化城市空气、减低城市噪声、抑制水质和土壤的污染。园林还可以结合生产(如栽培果木、药材,养殖水生动植物等)以创造物质财富。总之,现代的园林比之以往任何时代,范围更大,内容更丰富,设施更复杂。

第一节 园林建筑总平面图

一、用途

总平面图表示的是一个工程的总体布局。总平面图主要表示原有和新建房屋的位置、标高、道路布置、构筑物、地形、地貌等,常作为新建房屋定位、施工放线、土方施工以及施工总平面布置的依据。

二、基本内容

1. 表明新建区的总体布局

如拨地范围,各建筑物及构筑物的位置、道路、管网的布置等。

2. 确定建筑物的平面位置

一般根据原有房屋或道路定位。修建成片住宅,较大的公共建筑物、工厂或地形较复杂时,用坐标确定房屋及道路转折点的位置。

3. 表明建筑物首层地面的绝对标高

室外地坪、道路的绝对标高,说明土方填挖情况、地面坡度及雨水排出方向。

4. 用指北针表示房屋的朝向

有时用风向玫瑰图表示常年风向频率和风速。

5. 各种管线图等

根据工程的需要,有时还有水、暖、电等管线总平面图,各种管线综合布置图,竖向设计图,道路纵横剖面图以及绿化布置图等。

三、看图要点

(1)了解工程性质、图纸比例尺,阅读文字说明,熟悉图例。

(2)了解建设地段的地形,查看拨地范围、建筑物的布置、四周环境、道路布置。图 1-1 为某学校总平面图,它表明了拨地范围与现有道路和居民住宅的关系。

(3)当地形较为复杂时,要了解地形地貌。图 1-2 为某工厂的总平面图。从等高线可看

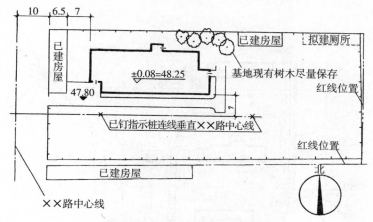

图 1-1 某学校总平面图

出：东北部较高，西南部略低，东部有一个山头，西部为四个台地，主要厂房建在中部缓坡上，锅炉房等建在较低地段。

（4）了解各新建房屋的室内外高差、道路标高、坡度以及地面排水情况。

（5）查看房屋与管线走向的关系，管线引入建筑物的具体位置。

（6）查找定位依据。

四、新建建筑物的定位

1. 根据已有的建筑或道路定位

如图 1-1 所示，教学楼的位置是根据原有房屋和道路定位的。教学楼的西墙距原有建筑 7 m，与道路中心线等长，西南墙角与原有建筑的南墙平齐。

2. 根据坐标定位

为了保证在复杂地形中放线准确，总平面图中常用坐标表示建筑物、道路、管线的位置。常用的表示方法有以下两种。

（1）标注测量坐标。在地形图上绘制的方格网叫作测量坐标网。测量坐标网与地形图采用同一比例尺，以 $100\,\text{m} \times 100\,\text{m}$ 或 $50\,\text{m} \times 50\,\text{m}$ 为一方格，竖轴为 x，横轴为 y。一般建筑物定位应注明两个墙角的坐标，具体标注方法如图 1-2 中锅炉房的标注方法所示。如果建筑物的方位为正南北向，就可只注明一个角的坐标，如图 1-2 中机修、合成等车间的标注方法所示。放线时，根据现场已有导线点的坐标（如图 1-2 中 A、B 两导线点所示），用仪器导测出新建房屋的坐标。

（2）标注建筑坐标。建筑坐标就是将建设地区的某一点定为"O"，水平方向为 B 轴，垂直方向为 A 轴，进行分格。格的大小一般采用 $100\,\text{m} \times 100\,\text{m}$ 或 $50\,\text{m} \times 50\,\text{m}$。用建筑物墙角距"$O$"点的距离，确定其位置。如图 1-3 所示，甲点坐标为 $\dfrac{A=270}{B=120}$，乙点坐标为 $\dfrac{A=210}{B=350}$。放线时即可从"O"点导测出甲、乙两点的位置。

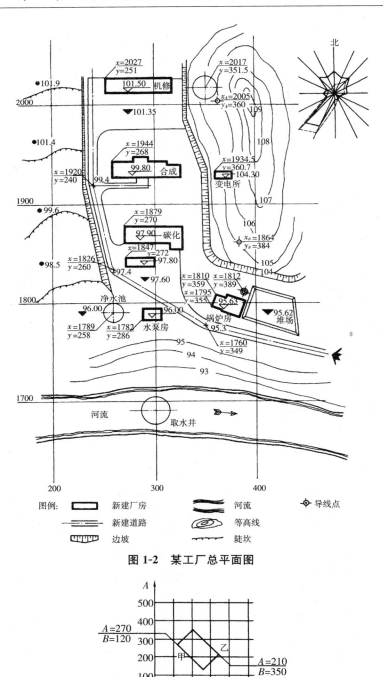

图例：　▭ 新建厂房　　～～ 河流　　◇ 导线点
　　　　▭ 新建道路　　◎ 等高线
　　　　▭ 边坡　　　　～ 陡坎

图 1-2　某工厂总平面图

图 1-3　坐标图

第二节　平　面　图

一、用途

在建筑施工过程中,放线、砌墙、安装门窗、做室内装修,以及编制预算、备料等都要用到平面图。

二、基本内容

1. 标明建筑物形状、内部的布局及朝向

平面图包括建筑物的平面形状,各种房间的布局及相互关系,入口、走道、楼梯的位置等。一般平面图中均注明房间的名称或编号(如图 1-4 所示),首层平面图还标注指南针,标明建筑物的朝向。

2. 表明建筑物的尺寸

建筑平面图中通常用轴线和尺寸线表示各部分的长度尺寸和准确位置。其中,外墙尺寸一般分三道标注:最外面一道是外包尺寸,标明了建筑物的总长度和总宽度;中间一道是轴线尺寸,标明开间和进深的尺寸;最里一道标明了门窗洞口、墙垛、墙厚等详细尺寸。内墙需注明与轴线的关系、墙厚、门窗洞口尺寸等。此外,首层平面图上还要标明室外台阶、散水等尺寸。各层平面图还应标明墙上留洞的位置、大小、洞底标高等。在墙上留槽的表示方法见图 1-5 所示。

3. 标明建筑物的结构形式及主要建筑材料

如图 1-4 所示的××公园办公楼是混合结构,砖墙承重。

4. 标明各层的地面标高

首层室内地面标高一般定为±0.00,并注明室外地坪标高。其余各层均注有地面标高。有坡度要求的房间内还应注明地面的坡度。

5. 标明门窗及其过梁的编号、门的开启方向

(1)注明门窗编号。从图 1-4 中可以看出外墙窗上注有 C149(C149 代表标准窗的编号),内墙注有 C103(虚线表示高窗,并注明下距地面的尺寸),门上注有 M337、M139 等标准门的编号。此外,在平面图中还应列出全部门窗表,标明各种门窗的编号、高宽尺寸以及樘数等。

(2)注明门的开启方向,作为安装门及五金的依据,如图 1-6 所示。

(3)注明门窗过梁编号。例如,图 1-4 中⑩号轴线上 M337 门上注有 $\frac{L20.1}{L16.3}$、C149 窗上注有 $\frac{L16.4}{L16.3}$ 等通用门窗过梁编号(L 代表过梁,16、20 表示过梁净跨为 1 600 和 2 000,1、4、3 分

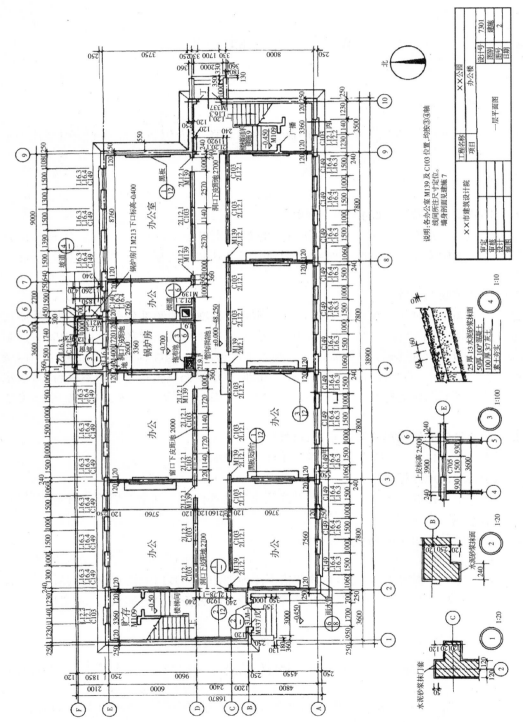

图1-4 ××公园办公楼平面图

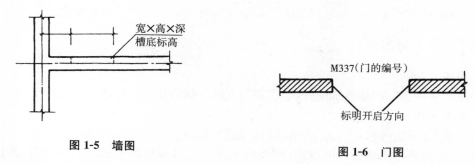

图1-5 墙图

图1-6 门图

别代表荷载等级及截面类型)。

6. 标明剖面图、详图和标准配件的位置及其编号

(1)标明剖切线的位置。例如,图1-4平面图中有1—1剖切线,表示在此位置有一个剖面图。

(2)标明局部详图的编号及位置。例如,图1-4中 ⊖ ,表示该点的详图在建施-2图纸上,编号为①;黑板讲台处标明 $\frac{1}{12}$,表示该点详图在建筑12图纸内,编号为①。

(3)标明所采用的标准构件、配件的编号。例如,图1-4中的拖布池采用标准配件详图。

7. 综合反映其他各工种(工艺、水、暖、电)对土建的要求

其他各工种要求的坑、台、水池、地沟、电闸箱、消火栓、雨水管等及其在墙或楼板上的预留洞,应在图中标明其位置及尺寸。例如,图1-4中锅炉房要求地面标高降低为—0.70,北面出入口做坡道,内墙有烟囱。

8. 标明室内装修做法

室内装修做法包括室内地面、墙面及顶棚等处的材料及做法。一般简单的装修,可在平面图内直接用文字注明,较复杂的工程则需另列房间材料和做法明细表,或另画建筑装修图。

9. 文字说明

在平面图中不易标明的内容,如施工要求、砖及灰浆的标号等,需另用文字说明。

第三节 房屋平面图、立面图和剖面图

一、房屋平面图

房屋平面图主要有以下几个方面基本内容。

(1)标明屋面排水情况,如排水分区、天沟、屋面坡度、下水口位置等。

(2)标明突出屋面的电梯机房、水箱间、天窗、管道、烟囱、检查孔、屋面变形缝等的位置。

(3)屋面排水系统图应与屋面做法表和墙身剖面图的檐口部分对照阅读。

二、房屋立面图

1. 用途

房屋立面图表示的是建筑的外貌,主要为室外装修所用。

2. 基本内容

(1)标明建筑物外形和门窗、台阶、雨篷、阳台、烟囱、雨水管等的位置。

(2)用标高表示出建筑物的总高度(屋檐或屋顶)、各楼层高度、室内外地坪标高以及烟囱高度等。

(3)标明建筑外墙所用材料及饰面的分格。如施工图立面所示,外墙为红机砖清水墙,屋檐、窗上口、窗台、勒脚为水泥砂浆抹面。详细做法应翻阅总说明及材料做法表。

(4)有的立面图还标注有墙身剖面图的位置。

三、房屋剖面图

1. 用途

房屋剖面图表示的是建筑物的结构形式、高度及内部分层情况。

2. 基本内容

(1)标明建筑物各部位的高度。剖面图中常用标高及尺寸线标注建筑总高、室内外地坪标高、层标高、门窗及窗台高度等。

(2)标明建筑主要承重构件的相互关系,如各层梁、板的位置及其与墙柱的关系、屋顶的结构形式等。

(3)剖面图中不能详尽表达的地方,有时需引出索引号另画详图标注。

总平面图、平面图以及房屋平面图、立面图和剖面图都是建筑施工图的基本图纸。实际施工中,为了表明某些局部的详细构造、做法及施工要求,常用较大比例尺绘成详图。具体包括以下几点。

(1)有特殊设备(如实验室、厕所、浴室等)的房间,用详图标明固定设备的位置、形状,以及所需的埋件、沟槽等的位置及大小。

(2)有特殊装修的房间,需绘出装修详图,如吊顶平面、花饰、木护墙、大理石贴面等详图。

(3)局部构造详图,如墙身剖面、楼梯、门窗、台阶、消防梯、黑板及讲台等详图。

第二章　园林建筑工程施工图的编制

根据正投影原理及建筑工程施工图的规定画法,把一幢房屋的全貌及各个细微局部完整地表达出来,这就是房屋建筑工程施工图。建筑工程施工图是表达设计思想、指导工程施工的重要技术文件。

第一节　园林建筑施工图概述

一个建筑工程项目,从制订计划到最终建成,需要经过一系列的过程。建筑工程施工图的产生过程,是建筑工程从预算到建成过程中的一个重要环节。

建筑工程施工图是由设计单位根据设计任务书的要求、有关的设计资料、计算数据及建筑艺术等多方面因素设计绘制而成的。根据建筑工程的复杂程度,建筑工程施工图设计过程分两阶段设计和三阶段设计两种。通常,一般工程可按两阶段进行设计,但对于较大的或技术上较复杂、设计要求高的工程,则需按三阶段进行设计。

两阶段设计包括初步设计和施工图设计两个阶段。

1. 初步设计

初步设计阶段的主要任务是根据建设单位提出的设计任务和要求,进行调查研究、搜集资料、提出设计方案的阶段,其内容包括必要的工程图纸、设计概算和设计说明等。初步设计的工程图纸和有关文件,只能作为提供方案研究和审批之用,不能作为施工的依据。

2. 施工图设计

施工图设计阶段的主要任务是满足工程施工各项具体技术要求,提供一切准确可靠的施工依据,其内容包括工程施工所有专业的基本图、详图及其说明书、计算书等。此外,还应有整个工程的施工预算书。整套施工图纸是设计人员的最终成果,是施工单位进行施工的依据。所以,施工图设计阶段的图纸必须详细完整、前后统一、尺寸齐全、正确无误,符合国家建筑制图标准。

当工程项目比较复杂、许多工程技术问题和各工种之间的协调问题在初步设计阶段无法确定时,就需要在初步设计和施工图设计阶段之间插入一个技术设计阶段,形成三阶段设计。技术设计阶段的主要任务是在初步设计的基础上,进一步确定各专业间的具体技术问题,使各专业之间取得统一,达到相互配合协调。在技术设计阶段,各专业均需绘制出相应的技术图纸,写出有关设计说明和初步计算等,为第三阶段施工图设计提供比较详细的资料。

第二节 施工图的分类和编排顺序

一、施工图的分类

建筑工程施工图按照专业分工的不同,可分为建筑施工图、结构施工图和设备施工图。

(1)建筑施工图包括建筑总平面图、各层平面图、各个立面图、必要的剖面图和建筑施工详图及其说明书等。

(2)结构施工图包括基础平面图、基础详图、结构平面图、楼梯结构图和结构构件详图及其说明书等。

(3)设备施工图包括给水排水图、采暖通风图、电气照明等设备的平面布局图、系统图和施工详图及其说明书等。

其中,各工种的施工图一般又包括基本图和详图两部分:基本图表示全局性的内容,详图则表示某些构配件和局部节点构造等的详细情况。

二、施工图的编排顺序

通常,一套简单的房屋施工图就可有二十张图纸,一套大型复杂建筑物的图纸有几十张、上百张甚至会有几百张之多。因此,为了便于看图,易于查找,应把这些图纸按顺序编排。

建筑工程施工图一般的编排顺序是:首面图(包括图纸目录、施工总说明、汇总表等)、建筑施工图、结构施工图、给水排水施工图、采暖通风施工图、电气施工图等。如果是以某专业工种为主体的工程,则应该另外编排突出该专业的施工图。

各专业的施工图,应按图纸内容的主次关系系统地排列,如基本图在前、详图在后,总体图在前、局部图在后,主要部分在前、次要部分在后,布局图在前、构件图在后,先施工的图在前、后施工的图在后等。

第三节 识图应注意的问题

识读建筑工程施工图时,必须掌握正确的识读方法和步骤。

在识读整套图纸时,应按照"总体了解—顺序识读—前后对照—重点细读"的读图方法进行。

1. 总体了解

总体了解是指先看图纸目录、总平面图和施工总说明,以大致了解工程的概况,如工程设计单位、建设单位以及新建房屋的位置、周围环境、施工技术要求等。对照目录检查图纸是否齐全，采用了哪些标准图，并备齐这些标准图。然后再看建筑平面图、立面图、剖面图，大致想象一下建筑物的立体形象及内部布局。

2. 顺序识读

在总体了解建筑物的情况以后，再根据施工的先后顺序，从基础、墙体（或柱）、结构平面布局、建筑构造及装修的顺序，仔细阅读有关图纸。

3. 前后对照

读图时，要注意应前后对照，如可平面图和剖面图对照着读、建筑施工图和结构施工图对照着读、土建施工图与设备施工图对照着读，做到对整个工程施工情况及技术要求心中有数。

4. 重点细读

根据工种的不同，将有关专业施工图再有重点地细读一遍，并将遇到的问题记录下来，及时向设计部门反映。

识读一张图纸时，应按由外向里看、由大到小看、由粗至细看、图样与说明交替看、有关图纸对照看的方法，注意应重点看轴线及各种尺寸关系。

要想熟练地识读施工图，除了要掌握投影原理，熟悉国家相关制图标准外，还必须掌握各专业施工图的用途、图示内容和表达方法。此外，还要经常深入施工现场，对照图纸，观察实例，这也是提高识图能力的一个重要方法。

第三章　园林房屋建筑图基本表示方法

园林房屋建筑图是表示一栋房屋的内部和外部形状的图纸。房屋建筑图有平面图、立面图、剖面图之分,这些图纸都是运用正投影原理绘制的。

第一节　房屋建筑的平面图、立面图、剖面图

一、平面图

房屋建筑平面图就是一栋房屋的水平剖视图,即假想用一水平面把一栋房屋的窗台以上部分切掉,切面以下部分的水平投影图就叫作平面图。如图 3-1 所示是一栋单层房屋的平面图。一栋多层的楼房若每层布局各不相同,则每层都应画平面图。如果其中有几个楼层的平面布局相同,则可以只画一个标准层的平面图。

平面图主要用以表明房屋占地的大小,内部的分隔,房间的大小,台阶、楼梯、门窗等局部的位置和大小,墙的厚度等。一般施工放线、砌墙、安装门窗等都要用到平面图。

平面图有许多种,包括总平面图、基础平面图、楼板平面图、屋顶平面图、吊顶或天棚仰视图等。

二、立面图

房屋建筑立面图就是一栋房子的正立投影图与侧投影图。通常按建筑各个立面的朝向,将几个投影图分别叫作东立面图、西立面图、南立面图、北立面图等。如图 3-2 所示就是一栋建筑的两个立面图。

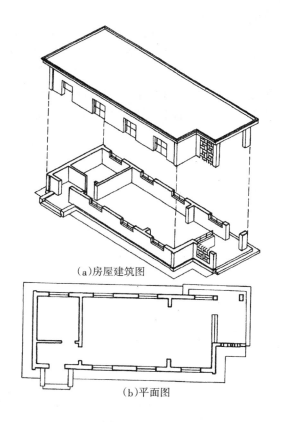

(a)房屋建筑图

(b)平面图

图 3-1　某单层房屋平面图

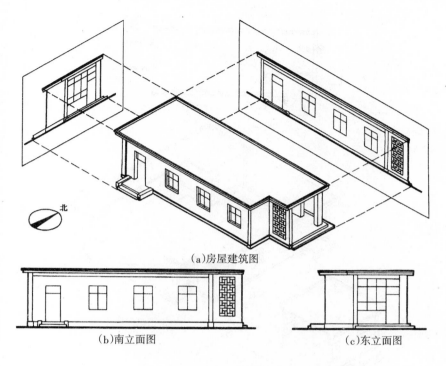

（a）房屋建筑图

（b）南立面图　　　　　　　　　　　　　　　（c）东立面图

图 3-2　立面图

立面图主要表明建筑物外部形状,房屋的长、宽、高尺寸,屋顶的形式,门窗洞口的位置,外墙饰面、材料及做法等。

三、剖面图

房屋建筑剖面图是假想用一平面把建筑物沿垂直方向切开,切面后的部分的正立投影图就叫作剖面图。因剖切位置的不同,剖面图又分为横剖面图[图 3-3（d）]和纵剖面图[图 3-3（e）]两种。

剖面图主要表明建筑物内部高度方面的情况,如屋顶的坡度、楼房的分层、房间和门窗各部分的高度、楼板的厚度等,同时也可以表示出建筑物所采用的结构形式。

剖面位置一般选择建筑物内部做法有代表性和空间变化比较复杂的部位。如图 3-3 中的横向剖面是选在房屋的第二开间窗户部位,多层建筑一般选在楼梯间,复杂的建筑物需要画出几个不同位置的剖面图。剖面的位置应在平面图上用剖切线标出。剖切线的长线表示剖切的位置,短线表示剖视方向。在图 3-3 中,（c）表示横向剖切,从右向左看。此外,在一个剖面图中要想表示出不同的剖切位置,剖切线可以转折,但只允许转折一次。图 3-3 中的纵向剖面图就是通过剖切线的转折,同时表示右侧入口处的台阶、大门、雨篷和左侧门的情况的。

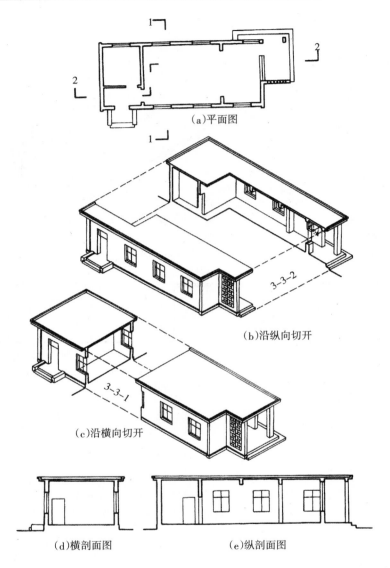

(a)平面图

(b)沿纵向切开

(c)沿横向切开

(d)横剖面图　　　　　　　　(e)纵剖面图

图 3-3　剖面图

　　综上所述，平面图、立面图、剖面图相互之间既有区别，又紧密联系。平面图可以表明建筑物各部分在水平方向的尺寸和位置，却无法表明它们的高度；立面图能表明建筑物外部的长、宽、高尺寸，却无法表明它的内部关系；剖面图只能表明建筑物内部高度方面情况。因此，只有通过平面图、立面图、剖面图三种图互相配合，才能完整地说明建筑物从内到外、从水平到垂直的全貌。

　　如图 3-4 所示是一张某传达室的施工图，就是用上述的房屋建筑基本表示方法绘制的。

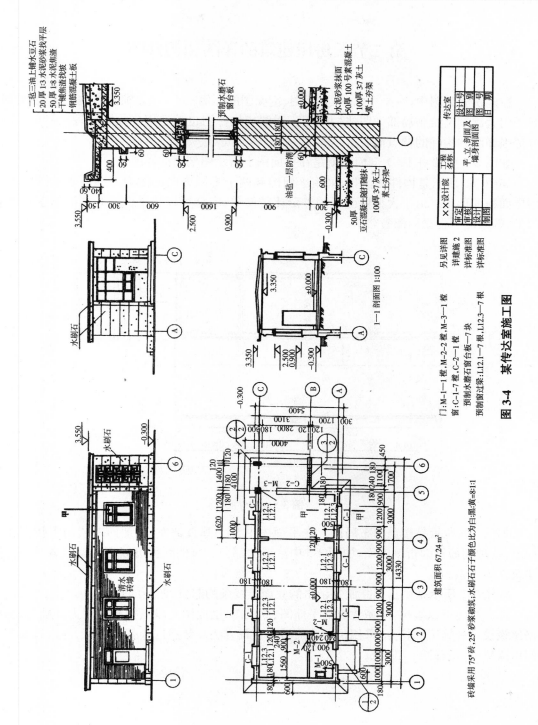

图 3-4 某传达室施工图

第二节　房屋建筑的详图和构件图

在建筑施工图中,由于平面图、立面图、剖面图的比例较小,许多细部表达不清楚,此时,必须用大比例尺绘制局部详图或构件图。详图或构件图也是运用正投影原理绘制的,表示方法因详图和构件的特点而有所不同。

如图 3-4 中墙身 1—1 剖面图就是在平面图上所示图剖面的详图。

如图 3-5 所示是构件图,图示采用平面图和两个不同方向的剖面图共同表示预应力大型屋面板的形状。由于大型屋面板的外形比较简单,完全可以从平面图和剖面图中知道它的形状,因此可将立面图省略不画。

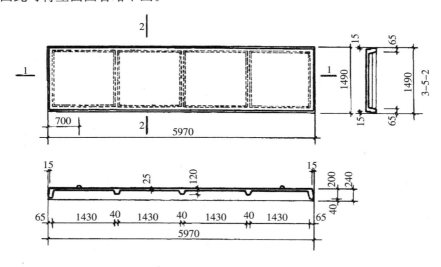

图 3-5　构件图

如图 3-6 所示是楼盖的布局图。在平面图上画一垂直剖面,就地向左或向上折倒在平面上,这种剖面称为折倒断面,如图 3-6 中涂黑的部分。折倒断面可以更清楚地表示出房屋建筑立体关系。

如图 3-7 所示是用折倒断面表示出的立面上线条的起伏、凹凸的轮廓。

综上所述可以看出,房屋建筑的平面图、立面图、剖面图是以正投影原理为基础的,并根据建筑设计和施工的特点,采用了一些灵活的表现方法。熟悉这些基本表现方法,有助于我们识读房屋建筑的施工图纸。

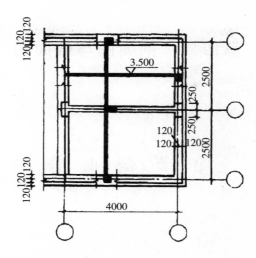

图 3-6 楼板图

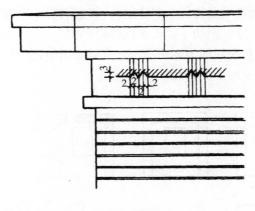

图 3-7 立面图

第四章　剖面图与截面图

第一节　剖　面　图

一、剖面图的形成

　　绘制建筑形体的三面投影图,在反映形体可见部分时常用实线来表示,在反映形体被遮拦的看不见的部分时常用虚线来表示。如果遇见内部结构比较复杂的形体时,则投影图中将会出现许多虚线,图形中虚、实线交叉,很难识读。为了便于表达形体的内部结构形状,实际绘制中常假想用一个剖切平面将复杂形体剖开,移去剖切平面与观察者之间的那一部分,画出余下部分的投影图。这一剖切平面投影图即剖面图。

　　如图 4-1 所示,图中 P 平面即为剖切平面。实际绘制中,应根据建筑形体的形状来选定剖切位置,剖切平面一般平行于投影面。

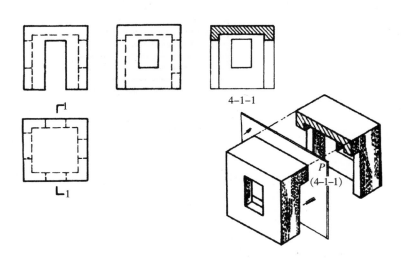

图 4-1　剖面图的形成

二、剖面图的种类

1. 按剖切位置分类

按建筑物形体的剖切位置,剖面图可分为水平剖面图和垂直剖面图两种。

(1)水平剖面图。如图 4-2(c)所示,剖切平面平行于 H 面,所得的剖面图称为水平剖面图。

(2)垂直剖面图。如图 4-2(d)所示,剖切平面平行于 V 面和 W 面,所得的剖面图称为垂直剖面图。

2. 按剖切形式分类

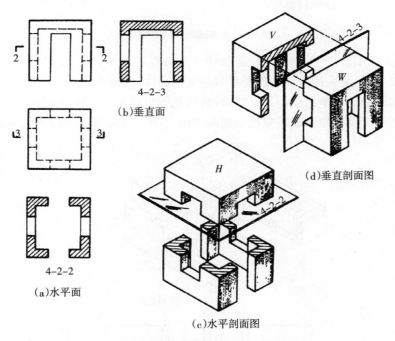

图 4-2 水平剖面图与垂直剖面图

按建筑形体的剖切形式,剖面图可分为全剖面图、半剖面图、局部剖面图和阶梯剖面图 4 种。

(1)全剖面图。前面在介绍剖面图的形成中所举实例,均为全剖面图。全剖面图是指用一个剖切平面,将形体全部剖切开所得到的剖面图。全剖面图主要用于表现形体的内部构造,一般与投影图配合使用。如图 4-3(b)所示的剖面图即为全剖面图,它与平面、正立面组合在一起,可解决建筑形体的内外部全部形状。

(2)半剖面图。当形体对称时,可以只剖一半,另一半画投影图,称为半剖面图。半剖面规定左边为投影图,右边为剖面图,中间用点划线分开;半剖面图可同时表示出形体的外形和内部构造,如图 4-3(d)所示,虚线可不画。

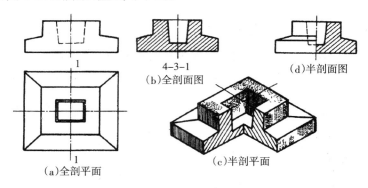

(b)全剖面图　　　4-3-1　　　(d)半剖面图

(a)全剖平面　　　(c)半剖平面

图 4-3　全剖面图与半剖面图

　　(3)阶梯剖面图。如图 4-4 所示,当形体孔洞不在一个平面上,用全剖面图无法准确地表达形体的实形时,可采用剖切平面转折方法剖切形体,这种方法所得的剖面称为阶梯剖面图。阶梯剖面图的剖切平面应相互平行,转折处用短粗线表示。转折一般以一次为限,其转折后由于剖切所产生的轮廓线不应在剖面图中画出,图 4-4(c)的表示方法是错误的。

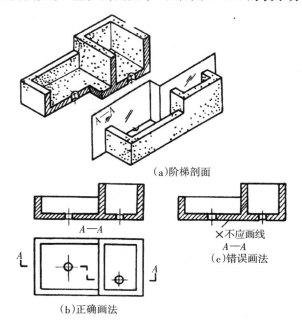

(a)阶梯剖面

A—A　　　×不应画线
　　　　　A—A
　　　　　(c)错误画法

(b)正确画法

图 4-4　阶梯剖面图

　　(4)局部剖面图。当形体简单,内部构造没有变化时,只需画剖开局部图就能了解内部构造,同时可保留大部分的外部形状,这种剖面图称为局部剖面图,如图 4-5 所示。其剖切部分的分界线可用徒手画的波浪线代替。

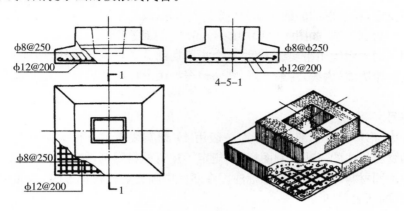

图 4-5　局部剖面图

三、剖面图的画法

1. 弄清形体的内部结构

在画剖面图之前,应先弄清形体投影图的空间形状,特别是形体的内部构造。如图 4-6(a)所示为形体的两面投影图,从投影图可以知道形体像一个水槽,槽中还有一个小槽,平行 V 面有四个肋。

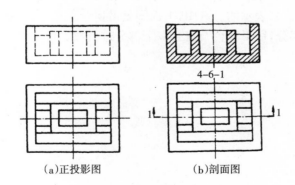

（a）正投影图　　　　（b）剖面图

图 4-6　剖面图的画法

2. 确定剖切平面的位置

在弄清形体的内部结构后,紧接着应选择适当的剖切位置,使剖切后画出的剖面图能充分表达形体的真实形状。一般剖切平面选择在对称轴线上,或通过需剖切孔洞的中心。剖切平面应平行于某一投影面,如图 4-6(b)所示;剖切平面选择在平行长度方向的对称轴线上,并用短粗线画在剖切位置上,向哪个方向投影,即在该方向画一垂直短粗线,并在图形外标上剖面编号 4-6-1。

3. 画剖面图

根据剖切位置,移去形体的前半部分(或上半部分,或左半部分),对留下部分进行投影,所画出的图形即为剖面图,如图4-6(b)中的4-6-1剖面。

形体被剖切的轮廓线用粗实线表示,其余未剖切部分的可见轮廓线,用细实线表示。剖面图中看不见的轮廓线(虚线)一般不画,特殊情况如画上虚线更容易使人理解形体时,可以画上。

4. 剖面符号

在剖面图中,形体被剖切部分的断面一般用45°细实线表示。在实际的工程图样中,形体是由不同的材料构成的,《建筑制图标准》规定了建筑材料图例,如表4-1所示。

剖面图中不同材料应按图例选用标注。在断面中画建筑材料符号时,若面积过大,也可以不必画满,仅局部表示即可。

四、剖面图的应用

剖面图在建筑工程施工图样中应用极为广泛,不论是房屋总体的平面图、立面图、剖面图,还是房屋构造细部的详图,均需要采用剖面形式来表达复杂形体的内部构造。在一套施工图中,剖面图常占整个图形数量的一半以上,因此掌握和应用剖面图是学习建筑施工图的重要理论和基本方法。

图4-7所示的是一幢简单的园林用房施工图。在表达整体建筑设计意图的图形中,有正立面图(①～④立面图)、侧立面图(D～A立面图)、I—I剖面图和平面图,这四个图形中有两个是用剖面图形式来表示的。其中,平面图是沿窗台上口,用一水平剖切平面将房屋剖切开,移去屋盖上面部分,留下窗台及窗台以下部分进行投影所得的 H 面投影图,如图4-8、图4-9所示。

表 4-1 建筑材料图例

序号	名 称	图 例	序号	名 称	图 例
1	自然土壤		15	毛石混凝土	
2	素土夯实				
3	砂、灰土及粉刷材料		16	花纹钢板	
4	砂砾石及碎砖三合土		17	金属网	
5	石材		18	木材	
6	方整石,条石		19	胶合板	
7	毛石		20	矿渣、炉渣及焦渣	
8	普通砖、硬质砖		21	多孔材料及耐火砖	
9	非承重墙的空心砖		22	菱苦土	
10	瓷砖或类似材料				
11	混凝土		23	玻璃	
12	钢筋混凝土		24	松散保温材料	
13	加气混凝土		25	纤维材料及人造板	
			26	防水材料或防潮层	
14	加气钢筋混凝土		27	金属	
			28	水平标高	

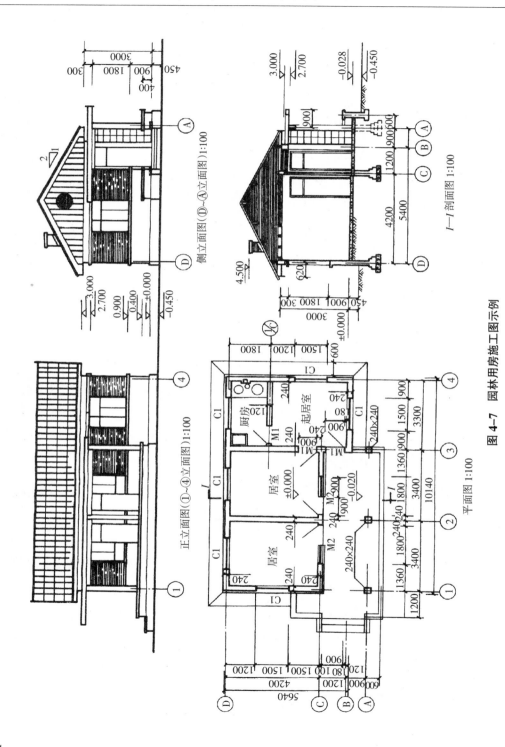

图 4-7　园林用房施工图示例

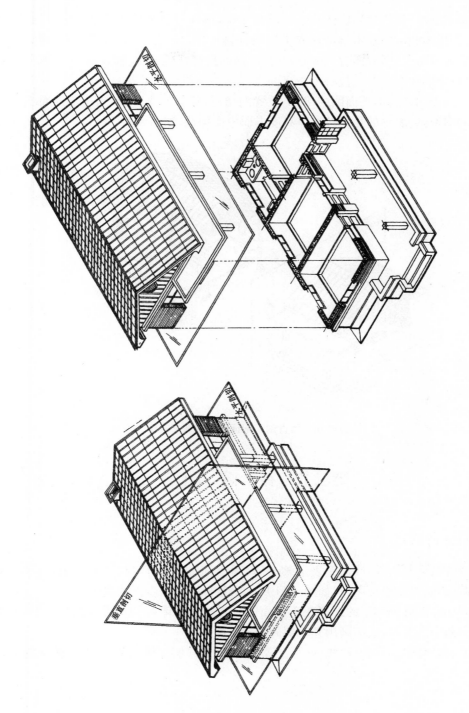

图 4-9　平面图的形成

图 4-8　房屋建筑剖面图的应用

在建筑施工图中,被剖切的墙体轮廓线画粗实线,墙体材料为普通砖墙,画 45°细实线,由于比例小,在描图时可用红铅笔涂抹表示砖墙材料;门窗画上门窗代表符号,其余未剖切部分均用细实线表示。此外,还有一些专业符号,如标高符号、轴线及轴线编号、厨房设备代号等,将在以后章节和有关专业教材中介绍。

垂直剖切剖面图是根据平面图中 I—I 位置剖切后,移去左半部分,留下右半部分向左面投影所得的图形,它表示的是建筑形体高度方面内部构造,如图 4-10 所示。

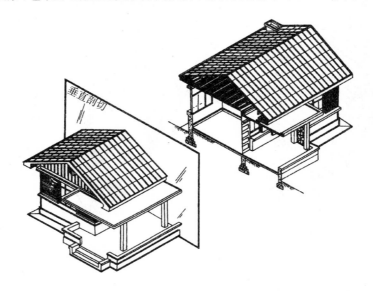

图 4-10　垂直剖切剖面图的形成

第二节　截　面　图

一、截面图的形成

对于某些等截面的构件,或需要表示某一局部截面形状时,可以仅画截面图形,这一截面图形称为截面图(又称断面图)。如图 4-11 所示为悬臂楼梯踏步板的截面图。

截面图画法与剖面图画法的区别在于截面图只需画出形体被剖切后的截面图形,而剖面图除要画出截面图形外,还应画出其余部分的轮廓线。

在标注上,截面图只需画一横线,并写上截面编号,编号所在横线的一侧,即为截面的投影方向。

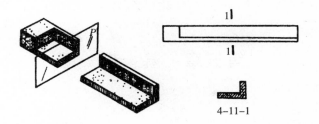

4-11-1

图 4-11 悬臂楼梯踏步板截面图

二、截面图的种类

建筑工程图样中的截面图在表示构件截面形状时应用极为广泛。截面图可分为移出截面和重合截面两种。

1. 移出截面

将形体的截面图形画在一侧称为移出截面。如图 4-12 所示为一工字形柱，它的上柱和下柱采用移出截面方式来表示其截面形状。

移出截面的截面图一般画在剖切位置附近，以便于对照识读，其比例一致；也可画在另外地方，比例也可不同（一般比例放大一些），以便详细地表达截面的形状。

2. 重合截面

将截面图直接画在投影图上，使两者重合在一起，称为重合截面，如图 4-13 所示。

由于重合截面直接画在投影图上，因此两者比例应相同。在建筑施工图中，重合截面图的轮廓线用粗实线表示，剖切面画上材料符号。

图 4-12 移出截面

重合截面可直接画于投影图上，如图 4-13（a）所示；也可将构件断开，画在断开的中间，如图 4-13（b）所示；也可仅画局部，其余部分相同，如图 4-13（c）所示。

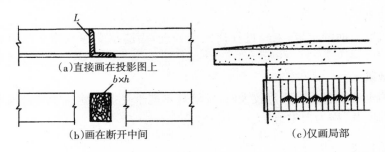

（a）直接画在投影图上

（b）画在断开中间

（c）仅画局部

图 4-13 重合截面

27

第五章 基 础 图

在建筑施工工程中,一般将房屋建筑埋在地面以下的部分称为基础,其作用是将建筑物全部荷载传递给下面的土层。位于基础下面并承受建筑物全部荷重的土壤称为地基。基础是建筑物的重要组成部分,而地基虽然不属于建筑物,但它直接影响着整个建筑物的安危。有些建筑物在施工过程中或竣工后出现裂缝、倾斜,甚至倒塌,造成严重损失,就是因为地基较差,导致基础产生不均匀沉降的结果。因此,建筑施工应对地基有足够的重视。

第一节 地 基

一、地基土壤的分类

作为建筑物基础的土壤,可分为以下 5 大类。
(1)岩石类,包括花岗岩(硬)、石灰岩、砂岩等。
(2)碎石类,包括块石、卵石、碎石、圆砾、角砾等。
(3)砂土类,包括砾砂、粗砂、中砂、细砂、粉砂等。
(4)黏性土类,包括黏性土、亚黏土、淤泥质土等。
(5)人工填土类,包括素填土、杂填土、冲填土等。

二、地基的分类

1. 天然地基

位于建筑物下面的土壤,未经过任何人工处理,而能承受建筑物全部荷载的地基,称为天然地基。

2. 人工地基

当地层的土壤软弱或因荷重较大时,经计算不能承受上部建筑物全部荷重时,而必须采用人工加固的地基,称为人工地基。

三、人工地基加固方法

采用人工加固地基的方法,主要有以下几种。

1. 表面压实

基槽挖开后,打夯 3～5 遍,必要时在上面铺 200～300 mm 厚的灰土或 50～100 mm 厚的碎石或砾石进行夯打,将表面浮土挤压实。但应注意的是,表面压实虽可防止一定的沉降,但不能提高地基承载能力。

2. 重锤夯实

重锤一夯压一夯,使地基有效加固深度在 1.2 m 左右,承载力在 12 t/m² 左右。一般来说,黏性土、砂土类地基多采用此法。

3. 碾压法

采用碾压机械,碾压地基 4～5 遍,碾压过程中可分层掺入碎石或碎砖等骨料。碾压法适于大面积填土(或换土分层碾压)的土壤。

4. 换土法

用砂土、卵石、砂夹卵石作垫层,可提高土壤承载力达 20 t/m²。

5. 桩基

用打桩方式加固土壤,桩基有爆扩桩、灌注桩、预制桩。

第二节 基础的类型与构造

民用建筑的基础,按构造可分为条形基础、独立柱基础、板式基础、薄壳基础等,按材料可分为砖基础、条石基础、毛石基础、混凝土基础、钢筋混凝土基础等。

一、条形基础

混合结构的房屋,承重墙下面的基础常常采用连续的长条形基础,称为条形基础,如图 5-1 所示。条形基础由垫层、大放脚、基础墙三部分组成。下面介绍由不同材料制成的条形基础。

1. 砖基础

砖砌条形基础主要由垫层、大放脚、基础墙三部分组成。

(1)垫层。垫层材料一般为 C10 号混凝土,高 100～300 mm,挑出 100 mm。实际施工中,除用混凝土作垫层外,其他还有三七灰土、碎砖三合土、砂垫层等。

(2)大放脚。大放脚可分为以下两种:①等高式,每两块砖放出 1/4 砖,即高 120 mm、宽 60 mm;②间隔式,每两块砖放出 1/4 砖,与每块砖放出 1/4 砖相间隔,即高 120 mm、宽 60 mm,又高 60 mm、宽 60 mm 相间隔。

(3)基础墙。基础墙一般同上部墙厚,或大于上部墙厚。

基础埋于地下,经常受潮,而砖的抗冻性差。因此,砌筑基础的材料应符合下列要求:砖不宜低于 75 号,水泥砂浆不低于 25 号,一般采用 100 号砖、50 号水泥砂浆砌筑。砖基础的各部构造如图5-2所示。

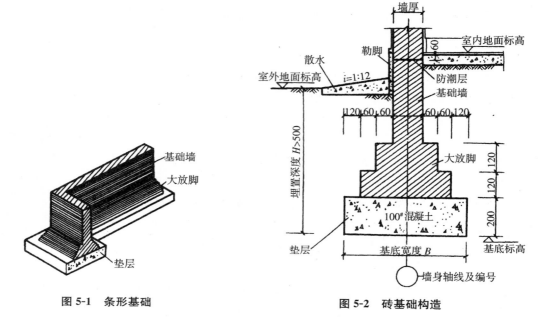

图 5-1 条形基础

图 5-2 砖基础构造

基础大放脚及垫层的受力如同倒置的悬臂梁,在地基反作用力的作用下,可产生很大的拉应力,当所受拉应力超过基础材料的容许拉应力时,则大放脚及垫层会因开裂而破坏。实践表明,大放脚和垫层如果控制在某一角度范围内,则不会被拉裂,该角称为刚性角,用 α 表示,如图 5-3 所示。刚性角可用 h/d 表示(h 为基础放宽部分高度,d 为基础挑出墙外宽度)。

在建筑施工中,各种材料的刚性角不同。其中,砖为 1.5～2,毛石为 1.25～1.75,混凝土为 1,灰土为 1.25～1.5。

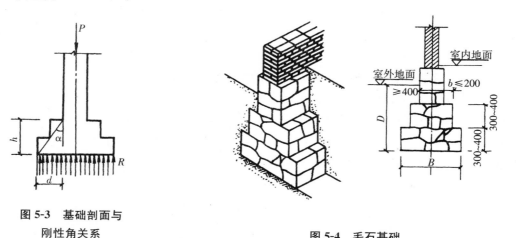

图 5-3 基础剖面与
刚性角关系

图 5-4 毛石基础

2. 毛石基础

毛石基础用不规则的毛石砌成。由于毛石尺寸差别较大，为了便于砌筑和保证质量，毛石基础台阶高度和基础墙厚不宜小于 400 mm，毛石标号不宜低于 200 号，水泥砂浆不宜低于 50 号，如图 5-4 所示。

3. 条石基础

条石基础是用人工加工的条形石块砌筑而成的。条石基础的剖面形式有矩形、阶梯形和梯形等多种形式，多用于产石地区建筑的施工，如图 5-5 所示。

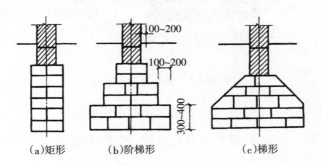

(a)矩形　　　　(b)阶梯形　　　　(c)梯形

图 5-5　条石基础

条石规格通常为：300 mm×300 mm×1 000 mm，丁头石 300 mm×300 mm×600 mm；

　　　　　　　　250 mm×250 mm×1 000 mm，丁头石 250 mm×250 mm×500 mm。

条石基础在砌筑时与砖一样，要求上下平整、错缝搭接、灰缝饱满。

4. 混凝土基础

混凝土基础是用不低于 C10 号混凝土浇捣而成的。基础较小时，多用矩形或台阶形截面；基础较宽时，多采用台阶形或梯形。有时为了节约水泥，可在混凝土中加入 30% 以下的毛石，这种基础叫毛石混凝土基础。混凝土基础如图 5-6 所示。

5. 钢筋混凝土基础

钢筋混凝土基础因其中受力钢筋受拉能力很强，基础承受弯曲的能力较大，因此，基础底面宽度不受高度比的限制。一般混合结构房屋较少采用钢筋混凝土基础，只有在上部荷载较大、地基承载能力较弱时才采用。

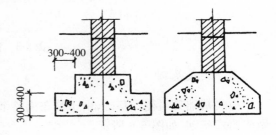

图 5-6　混凝土基础

钢筋混凝土基础中混凝土的标号不应低于 C15 号，钢筋根据结构计算配置，基础边缘高度不小于 150 mm，基础底部下面常用低标号 C10 号混凝土做垫层，厚度为 70～100 mm。垫层的作用是使基础与地基有良好的接触，以便均匀传力，同时便于施工，在基础支模时平整而不漏浆，保证施工质量，如图 5-7 所示。

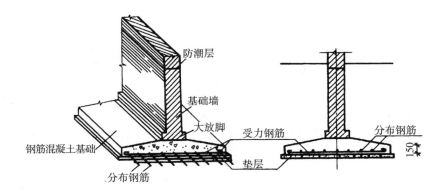

图 5-7 钢筋混凝土基础

二、独立柱基础

独立柱基础一般为柱礅式,其形式有台阶式、锥式、井格式等,其用料、构造与条形基础相同。

当建筑地基土质较差、承载能力较低、上部荷载较大时,柱的基础底面积增大,则相邻柱基很近。为便于施工,可将柱基之间相互连通,形成条形或井格式独立柱基础,如图 5-8 所示。

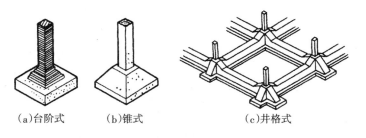

(a)台阶式　　(b)锥式　　(c)井格式

图 5-8 独立柱基础

三、板式基础

板式基础又叫筏式基础,由于其布满整个建筑底部,所以又称满堂基础;有地下室时,可做成箱式基础,如图 5-9 所示。

板式基础适于上部荷载较大、地质较差、采用其他形式基础不够经济时。板式基础一般为钢筋混凝土条形基础,只有这样才能连接成整体。

钢筋混凝土板式基础分为有梁式和无梁式。

板式基础受力状态如倒置的楼板,相当于梁式楼板或无梁式楼板。

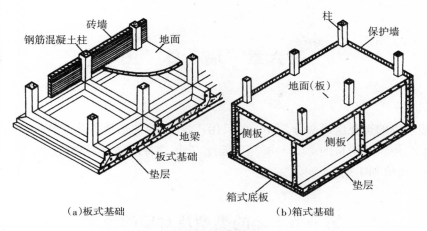

（a）板式基础　　　　　　（b）箱式基础

图 5-9　板式基础

第六章 墙 体 图

墙是建筑物的重要组成部分。在一般民用建筑中,墙的造价占总造价的 30%～35%,墙的重量占整个建筑总重量的 40%～60%。因此,合理选择墙体材料和构造方案,直接影响建筑物的质量、造价和工期。

第一节 墙的类型及对墙的要求

一、墙的类型与作用

如图 6-1 所示是某单位单身职工宿舍的水平剖切立体图。从图中,我们可以看到有很多片墙,这些墙由于所处的位置不同,以及建筑结构布置方案的关系,它们在建筑中的名称和所起作用也各不相同。

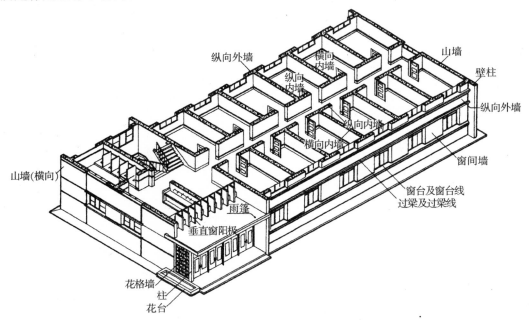

图 6-1 某单位单身职工宿舍水平剖切立体图

1. 墙的种类

(1)按受力的不同,墙可分为承重墙和非承重墙。

(2)按位置的不同,墙可分为外墙(围护墙)和内墙(分隔墙)。

(3)按方向不同,墙可分为纵墙和横墙(两端称为山墙)。

(4)按材料和构造方法的不同,墙可分为实砌砖墙、空斗砖墙、空心砖墙、石墙、土墙、中小型砌块、大型墙板、框架轻板等。

2. 墙的作用

作为建筑的重要部分,墙主要有以下几点作用。

(1)承重作用。承受屋顶、楼板等构件传下来的荷载,同时还可承受风力、地震力、自重等荷载。

(2)围护作用。墙可防御风、雨、雪、太阳辐射、噪声等自然的侵袭,保证建筑物内良好的生活环境和工作条件。

(3)分隔作用。建筑物内的纵横墙和隔墙可将建筑物分隔成不同大小的空间,以满足不同的使用要求。

二、对墙的要求

不同墙体虽各具不同的性质和作用,但都应考虑下列要求。

(1)一切墙体都应具有足够的强度和稳定性,以满足建筑物坚固和耐久的要求。

(2)建筑物的外墙必须满足热工方面的要求,要进行保温、隔热等方面的热工计算,使房间内具有正常工作、生活的温度,满足使用的要求。

(3)墙体应能满足隔声的要求,避免室内、室外和相邻房间的噪声干扰,使室内具有安静的环境。

(4)墙体应能满足防火的要求,对各类墙体都有防火规范和建筑物耐火等级的具体要求,以保证正常使用。

除此之外,不同的房间还有不同的要求,如厨房、厕所、盥洗间的防火要求,仓库、贮藏室的防潮要求,X光室的防射线要求等。设计时,应根据不同的房间全面考虑,妥善解决。

选择墙体材料,应尽量选用自重轻、造价低的地方材料,采用先进的构造方法。墙体材料应考虑适应建筑工业化的要求,尽可能地采用预制装配构件和可机械化施工构件材料。

三、墙体结构的布局方案

一般民用建筑有两种承重方式,一种是框架承重,另一种是墙体承重。其中,墙体承重又可分为横墙承重、纵墙承重、纵横墙混合承重、墙与内柱混合承重等结构布局方案,如图6-2所示。

1. 横墙承重

横墙承重结构的楼板、屋面板两端搁置在横墙上。横墙承重结构布局方案的优点是楼板跨度小、弯矩小、建筑刚性好,缺点是开间尺寸不够灵活、房间不宜过大、材料消耗多。因此,横墙承重适于单身宿舍、住宅、旅馆等小开间房屋的建筑。

2. 纵墙承重

纵墙承重结构的楼板、屋面板两端搁置在纵墙上。纵墙承重结构布局方案的优点是房间划分灵活、构件规格少,缺点是房间进深浅一些、门窗洞受限制、刚度较差。纵墙承重适于教学楼、办公楼、住宅等建筑,不宜用于地震区。

3. 纵横墙混合承重

纵横墙混合承重结构的楼板、屋面板根据设计需要设置在纵横墙上,因此纵横墙均为承重墙。纵横墙混合承重结构布局方案的优点是平面布置灵活,缺点是楼板、屋面板类型偏多,施工较麻烦。纵横墙混合承重适于进深较大、变化较多的房屋,如教学楼、医院等建筑。

4. 墙与内柱混合承重

当建筑物内需要设置较大房间时(如多层住宅底层商店、餐厅等),可采用墙与内柱混合承重的方案。墙与内柱混合承重构造方式为室内设钢筋混凝土柱,柱上搁置大梁和连系梁,梁上搁置楼板和两层以上的墙体。

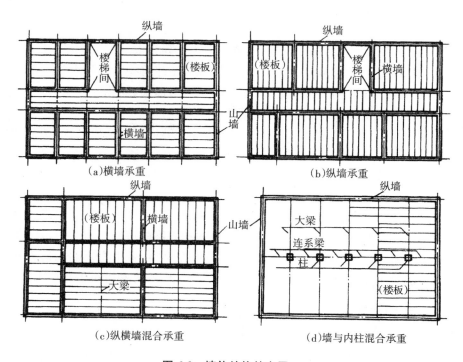

(a)横墙承重

(b)纵墙承重

(c)纵横墙混合承重

(d)墙与内柱混合承重

图6-2 墙体结构的布置

第二节　砖墙的构造

一、砖墙的材料

1. 砖

砖的品种较多,有黏土砖、粉煤灰砖、灰砂砖、耐久砖等。其中,黏土砖又可分为青砖、红砖、空心砖等。建筑施工用标准砖的尺寸为 240 mm×115 mm×53 mm。空心砖的尺寸随各地建筑形式的不同而不同,如四川地区的空心砖中,三孔砖尺寸为 240 mm×115 mm×115 mm(相当于 2 块标准砖),七孔砖尺寸为 240 mm×180 mm×115 mm(相当于 3 块标准砖),如图 6-3 所示。

砖尺寸的模数:

$$1 m＝长 4 块(缝 10 mm)$$

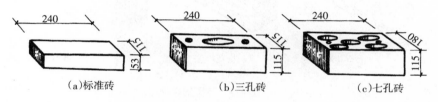

（a）标准砖　　　　（b）三孔砖　　　　（c）七孔砖

图 6-3　砖的尺寸

即 4×(240＋10)＝1 000＝宽 8 块(缝 10 mm),8 ×(115＋10)＝1 000＝高 16 块(缝 9.5 mm),16×(53＋9.5)＝1 000。

砖的理论体积:1 m³＝4×8×16＝512 块(包括砂浆),砖的重量为 1 600～1 800 kg/m³,砖的标号有 200、150、100、75、50 号五种。

2. 砂浆

建筑施工用砌墙砂浆有水泥砂浆(水泥、砂)、混合砂浆(水泥、石灰、砂)和石灰砂浆(石灰、砂)三种,砂浆标号有 100、75、50、25、10、4、0 号七种。

二、砖墙的砌法

1. 墙厚

半砖墙(称 120 墙),实际厚为 115;3/4 砖墙(称 180 墙),实际厚为 178(180);一砖墙(称 240 墙),实际厚为 240;一砖半墙(称 370 墙),实际厚为 365(370);二砖墙(称 490 墙),实际厚为 490。

2. 砌法

墙的砌法有全顺法(120 墙)、一顺一顶法(240 及 240 以上墙)、三顺一顶法(240 及 240

以上墙)、空斗墙(240 墙)、两平一侧法(180 墙)、梅花墙砌法(一顺一顶相间)。

其余材料砖墙砌法基本相同。砖墙砌法如图 6-4 所示。

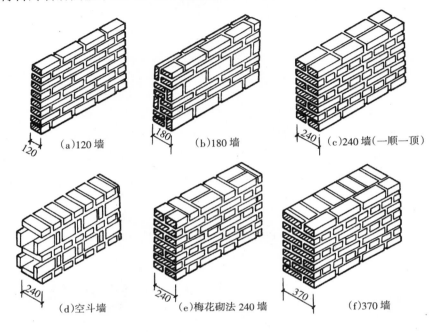

（a)120 墙   （b)180 墙   （c)240 墙(一顺一顶)

（d)空斗墙   （e)梅花砌法 240 墙   （f)370 墙

图 6-4 砖墙的砌法

三、墙身节点构造

1. 勒脚

外墙身下部靠近室外地面的部位叫勒脚，如图 6-5 所示。勒脚经常受到地面水、屋檐滴下雨水的侵蚀，并容易因受到碰撞而损坏。因此，勒脚的作用是保护墙面、防止受潮。

勒脚的做法一般有以下几种。

（1)水泥砂浆勒脚。用 50 号水泥砂浆抹面，厚为 20，高出地面 300～600 mm，常用 450（当室内外高差为 300 时，高于室内地面 150)。

（2)水刷石勒脚。底层 1∶3 水泥砂浆、厚为 10，面层水刷石、厚为 10。

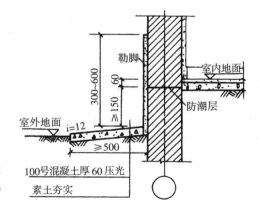

图 6-5 勒脚构造

（3)特制面砖。以大理石、预制水磨石板贴面作为勒脚。

勒脚高度如立面处理不受限制，常做至窗台。

2. 散水

散水主要用以排出房屋四周积水,保护房基。散水的做法一般有以下几种。

(1)混凝土散水。100 号素混凝土,厚为 60~80,基层为素土夯实。

(2)砖铺散水。平铺砖,砂浆嵌缝,砂垫层,基层为素土夯实。

(3)块石散水。片石平铺,1:3 水泥砂浆嵌缝,基层为素土夯实。

(4)三合土散水。石灰、砂、碎石的比例为 1:3:6,厚为 80~100,拍打压光。

散水宽为 600~1 000,坡度为 5%~10%,或 $i=1/12$,外边缘比室外地面高出 20。混凝土散水,每 6~10 m 设一宽为 20 mm 的伸缩缝,用热沥青灌满。

3. 明沟

明沟主要用于室外有组织地排水。明沟的做法一般有以下几种。

(1)砖砌明沟。底层铺 60 厚 C10 号素混凝土,两边砌 120 墙,形式沟槽,高为 200。

(2)石砌明沟。用片石、块石、条石砌成明沟。

(3)混凝土明沟。用 C10 号混凝土浇筑成各种断面形式的明沟。

明沟中心线应与檐口滴水中心线重合,明沟沟底和沟壁应抹光,便于排水,明沟的宽度和深度不小于 200,纵坡为 3‰~5‰。

明沟应与室外排水系统连接,因地制宜,不宜过长,否则,断面很深可造成不必要的浪费。明沟构造如图 6-6 所示。

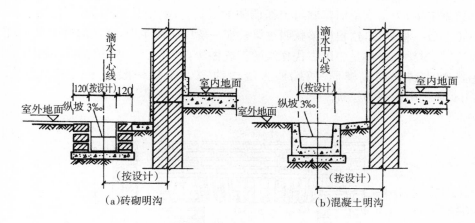

(a)砖砌明沟　　(b)混凝土明沟

图 6-6　明沟构造

4. 窗台

窗洞下部称为窗台,窗外称为外窗台,窗内称为内窗台。设外窗台的目的是为了排除雨水、保护墙面,同时便于放置物品和观赏性的植物,有时还可用于防止该处墙角被破坏和便于清洗。

外窗台的做法一般有以下几种。

(1)砖砌窗台。砖平砌或立砌(又称虎头砖),挑出 60,抹(1:2)~(1:3)水泥砂浆,为防止水污染窗台下的墙面,窗台下部应做滴水槽。

(2)混凝土或钢筋混凝土预制窗台。尺寸按设计要求,突出墙面60,每端长度比窗洞宽多120。

内窗台的一般做法为:内窗台可以用1:2:5水泥砂浆抹面。做木内窗台板时,板厚为30,表面油漆,挑出墙面40~60。也可以用预制水磨石窗台板做内窗台,还可用其他材料如大理石板、花岗岩板、金属板等做窗台板。窗台构造如图6-7所示。

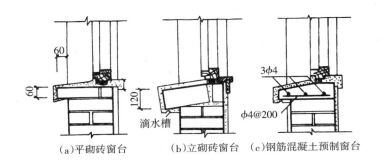

(a)平砌砖窗台 (b)立砌砖窗台 (c)钢筋混凝土预制窗台

图6-7 窗台构造

5. 过梁

建筑施工中,为了支承门窗洞口上面墙体的重量,并将它传给两侧的墙体,就需要在门窗洞口顶上放一根横梁,这根横梁就叫过梁。在一般民用建筑中,常见的过梁有下列三种。

(1)砖拱过梁。砖拱是中国古代建筑的传统做法,形式有平拱和弧拱等,如图6-8所示。砖砌平拱是将砖立砌成楔形,两端伸入墙内约20。平拱一般用于门窗洞宽度不大于1 000 mm、无集中荷载的建筑。

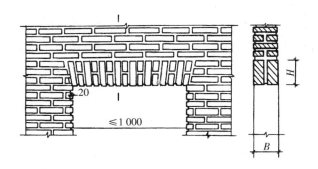

图6-8 砖拱过梁

(2)钢筋砖过梁。钢筋砖过梁是利用钢筋抗拉强度大的特点,把钢筋放在门窗洞口顶上的灰缝中,以承受洞顶上部的荷载,如图6-9所示。钢筋砖过梁适于跨度不大于2 m、无集中荷载的建筑。

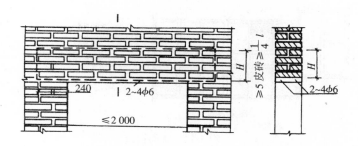

图 6-9　钢筋砖过梁

　　(3)钢筋混凝土过梁。钢筋混凝土过梁一般采用预制安装,适于各种墙体和洞口宽度。钢筋混凝土过梁断面形式有矩形、L 形等,高度有 60 mm、120 mm、180 mm、240 mm 等,宽度与墙宽一致,一般为 120 mm、180 mm、240 mm、370 mm 等,过梁两端伸入墙内不小于240,如图 6-10 所示。

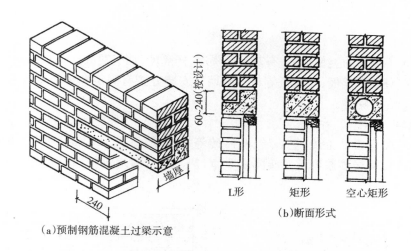

(a)预制钢筋混凝土过梁示意　　(b)断面形式

图 6-10　钢筋混凝土过梁

6. 圈梁

　　设置圈梁的主要目的是增加房屋整体的刚度和墙体的稳定性,增强建筑对横向风力、地基不均匀沉降以及地震的抵抗能力。圈梁一般用 C15 号以上钢筋混凝土制成,分预制和现浇两种。预制圈梁可分段预制,接头浇灌连接。圈梁应贯通房屋纵横墙,四周圈通,形成“腰箍”。圈梁一般设置在檐口下、各层楼板下口或门窗洞上口(代替过梁)等处。设在基础上部的圈梁称为地圈梁。圈梁构造如图 6-11 所示。

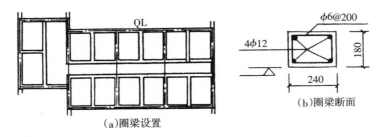

(a)圈梁设置 (b)圈梁断面

图 6-11 圈梁构造

第三节 隔墙与隔断的构造

隔墙、隔断都是用以分隔建筑物内部空间的非承重墙。隔墙、隔断的区别是隔墙到顶，而隔断不到顶，上部漏空。

一、隔墙

民用建筑中隔墙的类型很多，有灰板条隔墙、砖隔墙、加气混凝土条板隔墙、碳化石灰板隔墙，以及胶合板、木丝板、纤维板等材料隔墙。安装方式有固定和可活动等形式。下面介绍几种有代表性的隔墙。

1. 砖隔墙

砖隔墙采用普通黏土砖、空心砖、灰砂砖等均可，墙厚为 120 mm（半砖）或 60 mm（1/4砖），可用 25 号、50 号砂浆砌筑。砖隔墙不宜过长或过高，应进行墙身稳定验算，如图 6-12 所示。

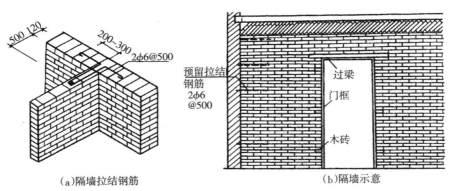

(a)隔墙拉结钢筋 (b)隔墙示意

图 6-12 砖隔墙

为了增强隔墙的稳定性,两端应设置 $2\phi6@500$ 拉结钢筋。半砖隔墙高度若大于 4 m,则每隔 $1.2\sim1.5$ m,应设一道 20 mm 厚高标号水泥砂浆层,内设 $2\phi6$ 通长钢筋,并与承重墙拉结。

2. 灰板条隔墙

灰板条隔墙由上槛、下槛、主筋、斜撑组成骨架,骨架断面均由 50×70 木枋组成。主筋间距 $400\sim600$ mm,斜撑间距不大于 1 200 mm。骨架上面钉灰板条,灰板条规格为 1 200 mm× 30 mm×(6~8) mm,板条之间留 8~10 缝隙,板条接头每隔 500 错开,钉在骨架上,接头留 5~10 空隙,然后抹灰。

为了防水防潮,在灰板条墙的下部可先砌 3 层砖(高 200),然后再安下槛。为防止墙面开裂,在转角交接处可放一层钢丝网,如图 6-13 所示。

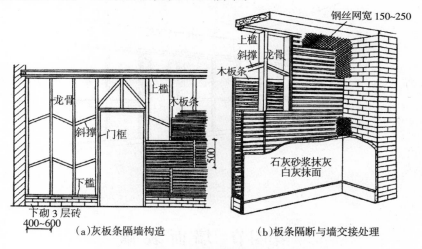

（a）灰板条隔墙构造　　　　　（b）板条隔断与墙交接处理

图 6-13　灰板条隔墙

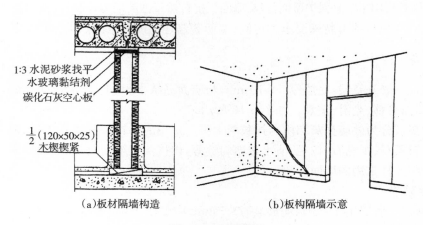

（a）板材隔墙构造　　　　　（b）板构隔墙示意

图 6-14　板材隔墙

43

3. 板材隔墙

板材隔墙是由各种板材直接安装而成的,如图 6-14 所示。

板材隔墙的板材有碳化石灰空心板、石膏空心板、加气混凝土板、蜂窝纸板等,可用黏结剂、上下木楔、专用紧固件等帮助安装。

二、隔断

隔断主要作为空间分隔用,如餐厅隔断既可划分不同的饮食区域,又可互相通行,必要时还可拆除。

隔断主要类型有玻璃隔断、木隔断、砖隔断、家具隔断等,如图 6-15 所示。

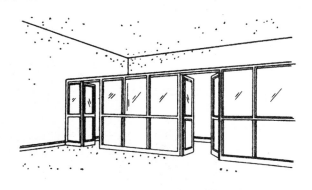

图 6-15 玻璃隔断

第四节 墙 面 装 修

墙面装修的作用主要是保护墙面,提高墙面抵抗自然侵蚀的能力,同时能使内外墙面平整光滑、清洁美观。对于一些有特殊要求的房间,墙面装修还能改善它的热工、声学、光学等性能。

一、抹灰

墙面抹灰一般分三层:底层厚 5～10 mm,与墙面黏结牢固;中层厚 5～10 mm,起找平作用;面层使墙面平整、光滑、美观。如图 6-16 所示。

墙面抹灰可分为外墙抹灰和内墙抹灰两大类。常用的外抹灰有水泥砂浆、混合砂浆、搓砂、木刷石、斩假石、干黏石、拉毛、清水砖墙勾缝等,内抹灰有纸筋石灰、水泥砂浆、混合砂浆等。下面介绍几种常用的墙面抹灰。

1. 水泥砂浆

(1)外抹灰。底层用 1∶3 水泥砂浆、厚 7 mm,中层用 1∶3 水泥砂浆、厚 5 mm,面层用 1∶3 水泥砂浆、厚 6 mm。

（2）内抹灰。底层用 1：3 水泥砂浆、厚 7 mm，中层用 1：3 水泥砂浆、厚 6 mm，面层用 1：2.5 水泥砂浆、厚 5 mm。

2. 混合砂浆

（1）外抹灰。底层用 1：1：4 水泥石灰砂浆、厚 10 mm，面层用 1：1：4 水泥石灰砂浆、厚 5 mm。

（2）内抹灰。底层用 1：1：4 水泥石灰砂浆、厚 10 mm，面层用 1：0.3：3 水泥石灰砂浆、厚 5 mm。

3. 搓砂

外抹灰。底层用 1：3 水泥砂浆、厚 7 mm，中层用 1：3 水泥砂浆、厚 5 mm，面层用 1：2.5 水泥石灰砂浆、厚 6 mm，另加粒径为 15～25 mm 的石英砂 30％。

4. 水刷石

外抹灰。底层用 1：3 水泥砂浆、厚 7 mm，中层用 1：3 水泥砂浆、厚 5 mm，面层刷水泥砂浆一道，用 1：1.5 水泥白石子、厚 10 mm，或各种彩色石子，用刷子洒水洗刷表面，使石子外露。

5. 干黏石

外抹灰。底层用 1：3 水泥砂浆、厚 10 mm，中层用 1：1：1.5 水泥石灰砂浆、按设计要求做分格凹缝，面层刮水泥浆，撒干黏石压平拍实，石子粒径为 3～5 mm。

6. 弹涂

在水泥砂浆底层上，将色浆人工或用弹涂机具弹至墙面，形成有特殊装饰效果的墙面，称为弹涂。由于弹涂出的墙面色泽鲜艳、造价低，所以应用较普遍。

7. 清水砖墙勾缝

清水砖墙勾缝分为原浆勾缝和加浆勾缝，勾缝形式有平缝、斜缝、凹缝、半圆缝等。

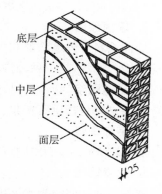

图 6-16　墙面抹灰的组成

二、贴面

贴面是指用大理石板、花岗石板、预制水磨石板、釉面瓷砖、陶瓷锦砖（马赛克）、玻璃马赛克等各种饰面材料装饰建筑外墙面和部分内墙面。贴面材料造价较高，主要用于重要建筑、城市临街建筑的墙面，以及门厅或其他要求较高和卫生要求较高的房间，如卫生间、盥洗间、餐厅等。

贴面材料墙面在抹灰墙面的基层上，可用白水泥浆（或水泥浆）直接粘贴；大型的装饰石板则要钻孔用铜丝等挂钩材料，如图 6-17 所示。

三、喷刷

采用喷刷方法装饰墙面施工简单、造价较低，有很好的装饰效果和保护墙面的作用，但

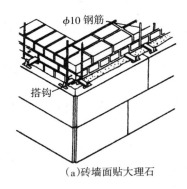
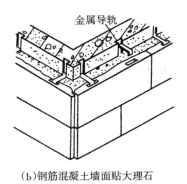

(a)砖墙面贴大理石   (b)钢筋混凝土墙面贴大理石

图 6-17 大理石贴面的构造

耐久性较差。现介绍几种常用的喷刷装饰墙面。

1. 彩色水泥色浆

用彩色水泥调制成色浆进行墙面喷刷,可用于混凝土、水泥砂浆等基层,一般喷刷 2～3 遍。

2. 墙面涂料

墙面涂料分外墙涂料和内墙涂料,一般刷 2～3 遍。其中,内墙涂料(简称 106 涂料)目前应用极为广泛,是一种经济、美观的装饰材料。

3. 普通刷浆

普通刷浆是指用石灰浆、大白浆等喷刷墙面 2～3 遍。

4. 装饰刷浆

底层刷大白浆,面层刷可赛银粉,墙粉可配制成各种颜色。

5. 油漆墙面

油漆墙面的底层为水泥砂浆或混合砂浆基层,填补裂缝后满刮泥子,再用砂纸磨光,刷调和漆两遍或喷漆两遍。油漆墙面清洁美观,适于装饰要求、卫生要求较高的房间,其缺点是造价稍高、耐久性较差。

四、裱糊

近年来,不少重要建筑的房间采用各种壁纸和壁布进行装饰。其中,较为流行的材料是塑料壁纸和玻璃纤维壁布。塑料壁纸即在纸上压一层塑料薄膜(有花纹),塑料壁纸成本较低、应用较广;玻璃纤维壁布成本略比壁纸高一些,但抗撕裂性能好,耐久性强。壁纸和壁布色泽丰富,可压印成各种图案,具有良好的装饰效果,且耐水、耐磨、不易污染,更新撤换也较方便。

粘贴壁纸和壁布要求墙面平整、干燥,若局部有缺陷,就要用泥子补平,墙面含水率不宜大于 5%。粘贴用的黏合剂可采用 107 胶∶水∶纤维素水溶液(浓度 1%)=1∶(0.5～1)∶(0.2～0.3)这一配方。

第五节 防 潮 层

在建筑墙身底部、基础墙的顶部(-0.060处)需设置防潮层。设置防潮层的目的是防止土壤中的潮气和水分沿墙面上升,以提高墙身的坚固性和耐久性,并保证室内干燥卫生,防止物品霉烂。

防潮层与室外墙基勒脚、散水、明沟一起构成了一道防线,保护墙体不受室外雨水和地下潮气影响。

防潮层的做法通常有以下几种。

(1)抹一层20 mm厚的防水砂浆,或用1:2水泥砂浆加5%防水粉涂抹。防潮层位置一般设置在-0.060 m处。

(2)用防水砂浆砌筑三皮砖,高180 mm。

(3)先抹一层20 mm厚、1:3水泥砂浆,再干铺一层油毡或做一毡二油防潮层,油毡比墙宽20 mm。

油毡防潮效果最好。但由于它使墙身与基础完全分开成两个部分,降低了房屋的抗震性能,故不宜用于有强烈震动的建筑和地震区。

(4)在土质较差地区或地震区,可浇60~120 mm厚的细石混凝土防潮带,内设3根直径为8 mm的钢筋,分布钢筋 $\phi6$,间距为250 mm。

防潮层不同做法如图6-18所示。

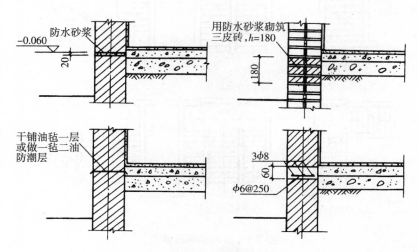

图6-18 基础防潮

若基础顶面设置有钢筋混凝土地圈梁,由于它本身具有足够的防潮性能,故可不再另做防潮层。

第七章 楼 梯 图

第一节 楼梯的类型和组成

楼梯是建筑物内垂直交通的主要设施之一，楼梯一般设置在建筑物的主要出入口附近。在一些大型的多层民用建筑中，除设置有楼梯外，还设置电梯、坡道等垂直交通设施。

一、楼梯的类型

楼梯按其材料的不同，可分为木楼梯、钢筋混凝土楼梯、钢楼梯及其他金属楼梯；按平面形式的不同，可分为单跑楼梯、双跑楼梯、三跑楼梯、直角式楼梯、双分式楼梯、双合式楼梯等多种形式，如图 7-1 所示。

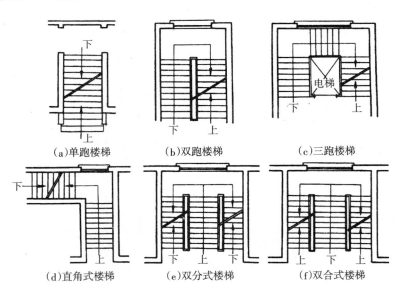

(a)单跑楼梯   (b)双跑楼梯   (c)三跑楼梯

(d)直角式楼梯   (e)双分式楼梯   (f)双合式楼梯

图 7-1 楼梯的平面形式

楼梯按其施工方式，可分为预制钢筋混凝土楼梯和现浇钢筋混凝土楼梯。其中，预制钢筋混凝土楼梯又可分为墙承式楼梯、悬臂式楼梯、斜梁式楼梯、板式楼梯等。

二、楼梯的组成

楼梯一般由楼梯段、平台、栏板(栏杆)三部分组成。其中,楼梯段由梯梁(斜梁)、梯板等构件组成,平台由平台梁、平台板等组成,栏板(栏杆)由栏板(栏杆)、扶手等组成,如图 7-2 所示。

1. 楼梯段

楼梯段是楼梯的主要组成部分。楼梯段的宽度应根据人流量和安全疏散的要求来决定。一般单人通行的应不小于 850 mm,双人通行的为 $1\,000\sim1\,200$ mm,三人通行的为 $1\,500\sim1\,800$ mm。

踏步由水平的踏面和垂直的踢面组成。楼梯踏步高度比(单位为 mm)的经验公式为:

(1)踏步宽 b＋踏步高 h＝450

(2)踏步宽 b＋2×踏步高 h＝600

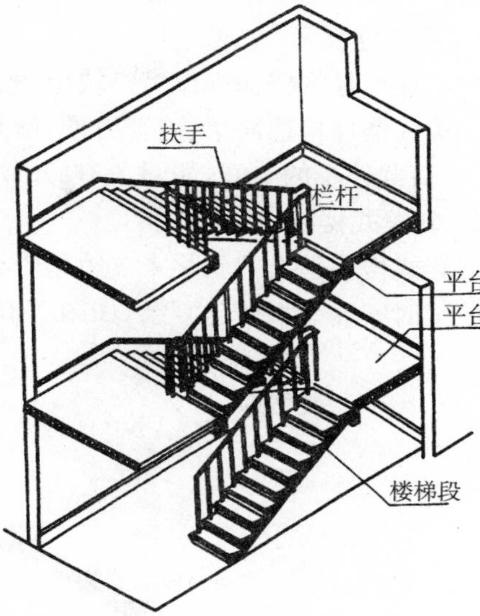

2. 平台

平台的作用是供上下楼梯休息之用。一般来说,楼梯中间休息平台的净宽度应不小于梯段宽度。楼梯在楼层上下起步处也应有一段平台,作为上下缓冲地带。

3. 栏杆(或栏板)、扶手

栏杆(栏板)是楼梯的围护构件(作为安全的措施),栏杆(栏板)上部安装扶手。栏杆一般高为 900 mm,栏杆的净空不应大于 120 mm,以免儿童钻出发生危险。

楼梯设置的专门房间即楼梯间,楼梯间的净空高度应大于 2 200 mm,以免碰头。当楼梯间在底层楼梯平台下作通道或储藏室时更应注意其净空高度。

图 7-2　楼梯的组成

第二节　钢筋混凝土楼梯的构造

钢筋混凝土楼梯是目前一般民用建筑中采用最为广泛的一种楼梯形式,它具有较高的强度和防火性能。下面分别介绍现浇钢筋混凝土楼梯和预制钢筋混凝土楼梯的构造。

一、现浇钢筋混凝土楼梯

现浇钢筋混凝土楼梯是在施工现场就地支模、绑扎钢筋和浇灌混凝土而成的一种整体式钢筋混凝土楼梯。现浇钢筋混凝土楼梯刚性好,适于刚性要求高的重要民用建筑。但现浇钢筋混凝土楼梯施工复杂、工期较长、造价高,所以在一般民用建筑中较少采用。

现浇钢筋混凝土楼梯主要有板式和斜梁式两种类型。

1. 板式楼梯

板式楼梯是将楼梯段作为一块板,板底平,板面上做成踏步,两端斜放在上下两个平台梁上。板式楼梯构造简单、施工方便,缺点是自重大、材料消耗多。板式楼梯适于楼梯段跨度较小、荷载较小的空间,如图7-3(a)所示。

2. 斜梁式楼梯

斜梁式楼梯是设置斜梁来支承踏步板,斜梁搁置在平台梁上。斜梁式楼梯受力较好,缺点是施工时安装模板较为复杂,如图7-3(b)所示。

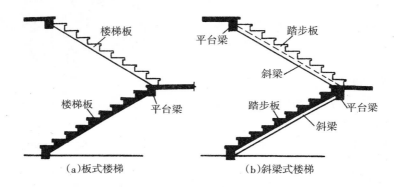

图7-3 现浇钢筋混凝土楼梯

二、预制钢筋混凝土楼梯

预制钢筋混凝土楼梯是将楼梯分成若干构件,在预制厂或工地预制场地加工而成,在施工时将预制构件进行装配、安装就位即可。因其符合多快好省的要求,所以目前一般民用建筑普遍采用预制钢筋混凝土楼梯,各地还编绘了标准图集,供设计选用。根据预制构件的特点,预制钢筋混凝土楼梯有下列四种基本形式。

1. 墙承式楼梯

墙承式楼梯是用小型梯板构件,直接砌筑在楼梯间墙上的;若为双跑楼梯,则可在楼梯中间砌一道240 mm的承重墙,搁置上下两段梯板构件。墙承式楼梯均为小型构件,施工方便,造价经济,在标准较低的民用建筑中采用较普遍;缺点是由于楼梯中间设墙,楼梯间采光较差,而且上下转弯不方便,容易遮挡视线,影响上下,如图7-4所示。

墙承式楼梯板断面形式有三种,即L形、一字形、T形,如图7-5所示。

墙承式楼梯断面形式若为一字形平板,则踢脚板应用立砖砌成(60 mm厚),抹1∶2水泥砂浆。

图7-4 墙承式楼梯

为了转弯安全、方便,墙承式楼梯断面还应设置望人孔,便于及时发现上下来人,也可做成缺口,便于观察。

图 7-5　墙承式楼梯断面形式

　　墙承式楼梯施工图的特点主要有以下几点。

　　(1)平面设计。两梯段之间无间隙,设有 240 承重墙。

　　(2)剖面设计。剖切梯段画粗实线,未剖切梯段画虚线,楼段中间承重墙扶手高度结束。

　　(3)节点详图。节点详图根据梯板形式而定,如图 7-6 所示为 L 形楼梯板的节点详图。

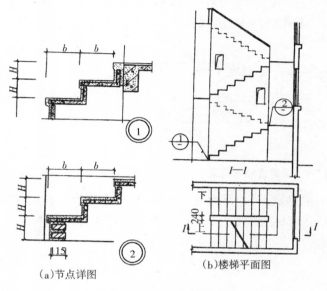

(a)节点详图

(b)楼梯平面图

图 7-6　墙承式楼梯施工图

图 7-7　悬臂式楼梯

2. 悬臂式楼梯

　　悬臂式楼梯的优点是结构新颖、外观轻巧,是目前民用建筑中常采用的一种楼梯;缺点是用钢量较大,施工时要设置临时支架,如图 7-7 所示。由于悬臂式楼梯为悬臂结构,因此不宜用于地震区。

　　悬臂式楼梯梯板形式有 L 形、一字形、冂形 3 种。

　　悬臂式楼梯端头为矩形或 L 形、冂形、一字形,嵌入墙内 240,并在上面用 3 m 左右的墙体压住,以保证其稳定性,如图 7-8 所示。

　　悬臂式楼梯构造基本上与墙承式楼梯一致,不同的是墙承式楼梯的梯板是两端嵌入墙内,而悬臂式楼梯是一端嵌入墙内,一端悬空,并用钢栏杆将各梯板焊接连成整体。因此,板的悬空一端板面应设置预埋铁件 M1,预埋铁件应与主筋焊接,如图 7-9 所示。

3. 斜梁式楼梯

　　斜梁式楼梯的梯段是由梯梁(斜梁)和踏步板(梯板)两部分构成的,如图 7-10 所示。踏

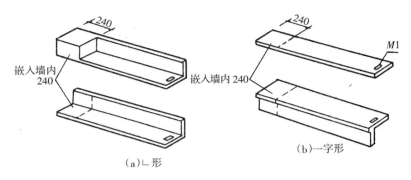

图 7-8　悬臂式楼梯梯板形式

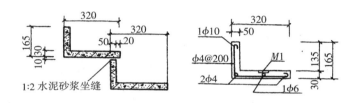

图 7-9　悬臂式楼梯构造

步既可做成∟形或冂形,搁置在锯齿形的梯梁上,也可做成三角形,搁置在矩形断面的梯梁上。梯梁支承在平台梁上,平台梁支承在楼梯间墙上。下面介绍斜梁式楼梯的构造。

图 7-10　斜梁式楼梯

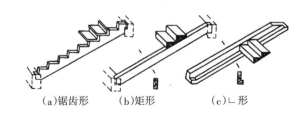

图 7-11　斜梁的形式

　　(1)斜梁。斜梁的形式有锯齿形、矩形、∟形 3 种,如图 7-11 所示。

　　(2)踏步板。踏步板的形式有三角形、冂形、∟形 3 种,如图 7-12 所示。

　　(3)平台梁。平台梁的形式有两种:①矩形,梁上留槽口,斜梁插入就位,预埋铁件焊牢。②∟形,梁直接搁置在∟形上,用预埋铁件相连,如图 7-13 所示。

　　(4)矩形斜梁和锯齿形斜梁节点构造详图如图 7-14、图 7-15 所示。

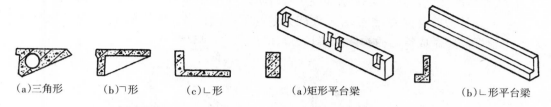

（a)三角形　　　（b)冂形　　　（c)∟形　　　　　　（a)矩形平台梁　　　　　　（b)∟形平台梁

图7-12 踏步板的形式　　　　　　　　　　　　　　　**图7-13 平台梁**

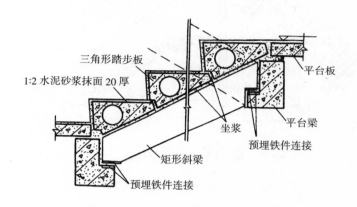

图7-14 矩形斜梁节点构造详图

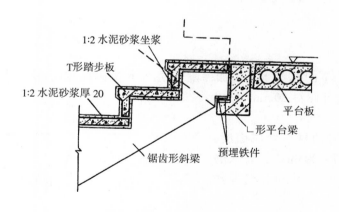

图7-15 锯齿形斜梁节点构造详图

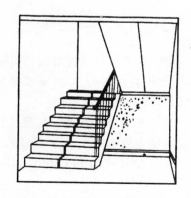

图7-16 板式楼梯

4. 板式楼梯

　　板式楼梯一般由梯板、平台梁、平台板及栏杆等构件组成。整个梯段可做成整块的梯板，也可分成若干块，如图7-16、图7-17(a)所示即为两块拼成一个梯段。梯段板支承在平台梁和基础梁上，平台梁为了支承梯板，通常做成∟形。

板式楼梯的优点是其斜梁、踏步板是一整体,这样可加快吊装速度,减少现场工人的劳动强度;缺点是构件自重大,需要有较大能力的起重运输设备。实际施工中,为了减轻梯板重量,可根据需要做成空心的构件,如图 7-17(b)所示。

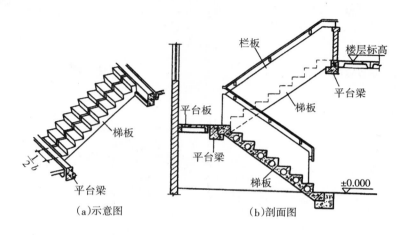

（a）示意图　　　　　　　（b）剖面图

图 7-17　板式楼梯详图

第三节　楼梯细部的构造

一、踏步

踏步由踏面和踢面组成。实际施工中,为了不增加梯段长度,常扩大踏面宽度,使行走舒适,如可在边缘突出 20 mm,或向外倾斜 20 mm,形成斜面,如图 7-18 所示。

踏步表面应用耐磨、美观、防滑的材料做成面层。面层做法主要有:1∶2 水泥砂浆、厚 20 mm,或者水磨石、厚 35 mm,或者预制块材、厚 30～40 mm,或者塑料等。

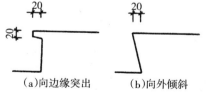

（a）向边缘突出　　　（b）向外倾斜

图 7-18　踏步形式

为了上下楼梯安全,踏步面层靠外缘 50～80 mm 处常做防滑条。防滑条一般有金刚砂、马赛克、铜条、合金铝条、塑料条等,防滑条表面比踏面应略高 2～3 mm,如图 7-19 所示。

二、栏杆和栏板

栏杆和栏板是在梯段和平台临空一边设置的安全措施。其中,栏杆是透空构件,栏板是

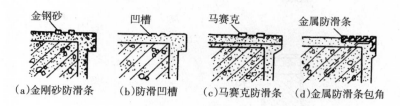

(a)金刚砂防滑条　(b)防滑凹槽　(c)马赛克防滑条　(d)金属防滑条包角

图 7-19　踏步防滑条

不透空构件,高度一般为 900 mm。栏杆和栏板上做有扶手,可作为上下楼梯的依靠。

楼梯与栏杆的连接方式有在所需部位预埋铁件或预留孔洞两种,如图 7-20 所示。

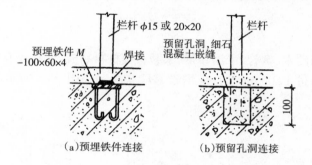

(a)预埋铁件连接　　(b)预留孔洞连接

图 7-20　楼梯与栏杆的连接

预埋铁件一般在楼梯踏步板面上,材料为一100 mm×60 mm×4 mm,用 M 表示,铁件应与主筋焊牢。

预留孔洞一般在楼梯斜梁上和平台梁上,深 100 mm,用 200 号细石混凝土嵌缝。栏杆形式多种多样,如图 7-21 所示。

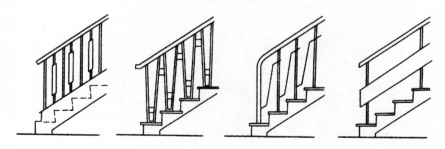

图 7-21　栏杆形式

实心栏板可用 1/2 砖砌筑,厚 120 mm;或用预制及现浇钢筋混凝土板制成;或用角钢做立柱,内外衬胶合板、有机玻璃等做成栏板。在标准较低的建筑中,常用砖砌栏板,其构造如图 7-22 所示。

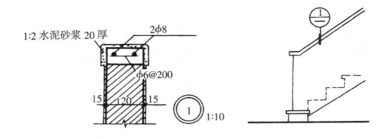

图 7-22 砖砌栏板

三、扶手

楼梯扶手通常用硬木、钢管、水泥砂浆、水磨石等材料制成,现在还有用各种塑料做成扶手的。当楼梯宽度超过 1 200 mm 时,应增设靠墙扶手。如图 7-23 所示为不同形式的楼梯扶手。

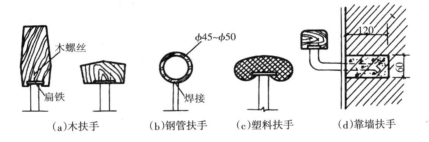

(a)木扶手   (b)钢管扶手   (c)塑料扶手   (d)靠墙扶手

图 7-23 楼梯扶手

第八章　楼板及楼地面图

第一节　楼板的类型与要求

楼板是房屋建筑水平方向的承重构件,它承受楼面上所有的静荷载、动荷载以及自重,并把这些荷载传递到墙、柱上去,是房屋建筑的重要构件之一。

一、楼板的类型

楼板主要有下列四种类型。

(1)预制钢筋混凝土楼板,如图 8-1(a)所示。

(2)现浇钢筋混凝土楼板,如图 8-1(b)所示。

(3)砖拱楼板,如图 8-1(c)所示。

(4)木搁栅楼板,如图 8-1(d)所示。

其中,房屋建筑中应用较多的是钢筋混凝土楼板。

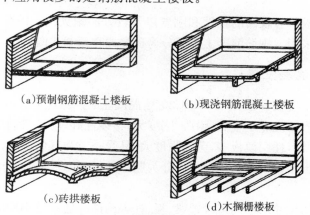

(a)预制钢筋混凝土楼板　　　(b)现浇钢筋混凝土楼板

(c)砖拱楼板　　　(d)木搁栅楼板

图 8-1　楼板的类型

二、楼板的要求

1. 坚固

楼板应坚固、耐久,具有足够的刚度和强度。

2. 隔音

噪声小于 60 dB 是国家规定的噪声界限,楼板应满足隔音的一般要求,应能保证楼层活动不影响其他层正常的工作和生活。

3. 热工和防火

根据建筑等级和房间的功能要求,楼板应能满足房屋建筑热工、防火以及防水等方面的要求,尤其是厨房、厕所、浴室、盥洗室等处更应注意。

三、楼层的组成

楼层主要由面层、基层、顶棚三部分组成,必要时可增设填充层,以满足房屋建筑保温、隔音、隔热等方面的要求。

1. 面层

面层通常由耐磨、美观、易清洁、吸热系数小的材料组成。

2. 基层

基层由梁、板、搁栅等承重构件组成,基层应能承受楼层上的全部荷载。

3. 顶棚

顶棚由隔热、隔音等材料组成,有时还可起美观等作用。

第二节　钢筋混凝土楼板

钢筋混凝土楼板具有较高的强度和刚度以及较好的耐火性。因此,钢筋混凝土楼板在民用建筑中被广泛采用。钢筋混凝土楼板分为现浇式和预制式两种。

一、现浇钢筋混凝土楼板

现浇钢筋混凝土楼板一般用 C15～C20 号混凝土、Ⅰ级或Ⅱ级钢筋在现场浇灌而成。现浇钢筋混凝土楼板的优点是坚固、耐久、刚度大、整体性好,设备留洞或设置预埋件都较方便;缺点是施工速度慢,耗用模板多,劳动强度大,易受季节和气候影响,成本高等。

现浇钢筋混凝土楼板按其结构形式可分为肋形楼板、井式楼板、无梁楼板三种。

1. 肋形楼板

肋形楼板按房间尺寸的不同来设置梁、板、柱等构件。通常较小房间只需设次梁和板即可,跨度较大的房间应设主梁、次梁、板,组成肋形楼板。若房间主梁跨度超过 8 m,则其中间还应设柱以减小梁的跨度,如图8-2所示。

肋形楼板梁、板、柱的经济尺寸如下:

(1)板。现浇板厚度不小于 60 mm,常用 80 mm,板的跨度为 1500～3000 mm。

(2)次梁。次梁跨度为 4000～6000 mm,次梁高为 1/20～1/15 跨度,即 250～400 mm,

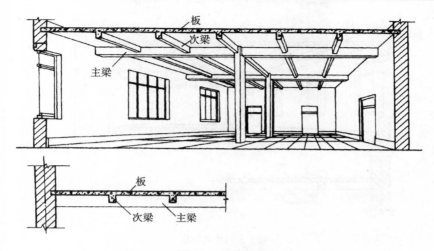

图 8-2　肋形楼板

次梁宽等于高度的 1/3～1/2，即 200～500 mm。

（3）主梁。主梁跨度为 5 000～9 000 mm，主梁高为 1/15～1/10 跨度，即 400～1 000 mm，主梁宽等于高度的 1/3～1/2，即 200～500 mm。

（4）柱。柱的断面在 300 mm×300 mm 以上。

（5）搁置长度。板厚不小于 120 mm，梁高小于 400 mm 但不小于 120 mm，梁宽不小于 400 mm；梁下均应设置梁垫（100 号混凝土垫块）。

肋形楼板尺寸及钢筋截面和数量，应进行结构计算和构造处理。有时为了美观，可在楼板下部设置吊平顶。

2. 井式楼板

井式楼板也是由梁板组成的，并有主、次梁之分。因为井式楼板梁的断面一致，因此是双向布置梁，形成井格。其中，井格与墙垂直的称为正井式，井格与墙倾斜成 45°布局的称为斜井式。

井式楼板跨度一般在 10 m 左右，井格在 2.5 m 以内，适于大厅，如图 8-3 所示。若梁板是由四面支承的，则称为双向板。

3. 无梁楼板

无梁楼板是将楼板直接支承在墙、柱上。设置无梁楼板时，为增加柱的支承面积和减小板的跨度，常在柱顶上加柱帽和托板。柱子一般按正方格布局，柱间距离以 6 m 较为经济，板厚不小于 120 mm。

无梁楼板多用于楼板上动荷载较大（如在 5.0 kN/m² 以上）的商店、仓库、展览馆等建筑，如图 8-4 所示。

二、预制钢筋混凝土楼板

预制钢筋混凝土楼板的梁、板等构件是在预制厂或现场根据需要预制而成的、不同规格

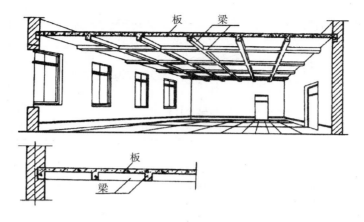

图 8-3　井式楼板

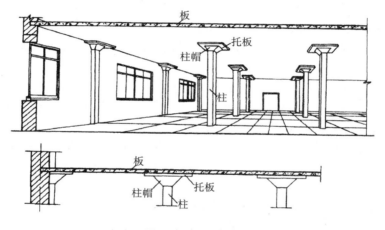

图 8-4　无梁楼板

的构件,然后现场吊装就位。这种预制装配式楼板可节约模板,提高工效,保证质量,也便于制成预应力构件。所谓预应力,就是通过张拉钢筋以对混凝土预加应力,使材料充分发挥各自效能。预应力构件比非预应力构件可节约钢材 30%～50%、混凝土 10%～30%。因此,凡有条件的地方应尽可能采用预应力构件。

常用预制楼板均有相关标准图,可根据房间开间、进深尺寸和楼层荷载情况选用。预制楼板主要有下列几种。

1. 平板

预制钢筋混凝土平板主要用于房屋建筑跨度较小的部位,如走道板、平台板、管沟盖板等。

平板的尺寸为:跨度 $L \leqslant 2\,500\,\text{mm}$(常见的跨度有 $1\,500\,\text{mm}$、$1\,800\,\text{mm}$、$2\,100\,\text{mm}$、$2\,400\,\text{mm}$ 等),宽度为 $400\sim900\,\text{mm}$(常用的有 $500\,\text{mm}$、$600\,\text{mm}$ 等),板厚为 $50\sim80\,\text{mm}$。

平板直接支承在墙或梁上,如图 8-5 所示。

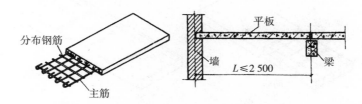

图 8-5　平板

2. 空心板

预制钢筋混凝土空心板是目前民用建筑中应用广泛的一种楼板,如图 8-6 所示。

空心板的尺寸为:最大跨度 $L \leqslant 6\,600\,mm$(预应力空心板最大跨度可达 $7\,200\,mm$,常用的有 $3\,000\,mm$、$3\,300\,mm$、$3\,600\,mm$ 等),宽度为 $500 \sim 1\,200\,mm$,高度为 $90 \sim 180\,mm$(常用的有 $120\,mm$、$140\,mm$、$180\,mm$ 等)。

空心板两端伸入墙内 $120\,mm$,入墙部分的孔应以砖或混凝土块堵实。板的两侧做成凹口或斜面形式,铺设后灌以细石混凝土,以加强板与板之间的联系。

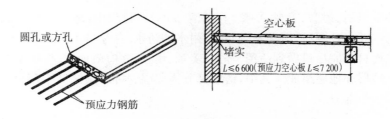

图 8-6　空心板

3. 槽形板

预制钢筋混凝土槽形板有槽板和倒槽板两种。其中,槽口向下的叫槽板,槽口向上的叫倒槽板。槽板留孔洞方便,多用于厨房、厕所等需有孔洞的楼板位置;槽板板底不平整,为了美观可加设平顶。倒槽板的槽曲内可填以隔音、保温材料,上面另做钢筋混凝土楼板(或屋面板)或木楼板。

槽形板是梁板合一的构件,其两边的边肋实质上是梁,中间可设小肋,肋是槽形板的受力部分。在铺设管道时,留洞或打洞应错开位置,不要在肋上打洞,以免损伤结构,造成构件损坏。槽形板外形如图 8-7 所示。

槽形板的尺寸为:跨度 $L \leqslant 7\,200\,mm$(倒槽板 $L = 4\,000\,mm$),宽度为 $400 \sim 1\,500\,mm$(常用的有 $500\,mm$、$600\,mm$、$800\,mm$),高度为 $120 \sim 240\,mm$(常用的有 $140\,mm$、$180\,mm$、$240\,mm$)。

除平板、空心板、槽形板之外,其他与预制钢筋混凝土楼板相配合的构件还有过梁、主梁、次梁以及楼梯梁、板等。

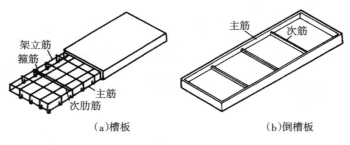

（a）槽板　　　　　　　　　（b）倒槽板

图 8-7　槽形板

第三节　楼　地　面

楼地面是房屋建筑底层地面和楼层楼板面的总称。

一、楼地面的要求及组成

楼地面要求坚固、耐磨、美观、平整，易于清洁，不易起灰尘，地面蓄热系数小。此外，潮湿房间的地面（如厨房、厕所、盥洗室等）还应耐水和防水，并易排水。

选择楼地面材料应尽量做到适用、经济、美观、耐久，并应就地取材、施工方便。

楼地面由楼层和地层组成。其中，楼层又分为面层、基面、顶棚 3 个部分，地层又分为面层、垫层、基层 3 个部分。

二、楼地面的种类及构造

楼地面的名称主要是根据面层名称而命名的，如面层是木地板，则不论下面是木基层还是钢筋混凝土基层，都以面层而命名为木楼面或木地面。

下面介绍几种普通建筑常用楼地面的构造。

1. 水泥砂浆楼地面

水泥砂浆楼地面如图 8-8 所示。

2. 混凝土楼地面

混凝土楼地面如图 8-9 所示。

3. 水磨石楼地面

水磨石楼地面如图 8-10 所示。

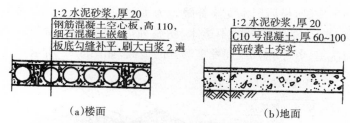

图 8-8　水泥砂浆楼地面

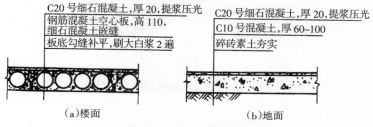

图 8-9　混凝土楼地面

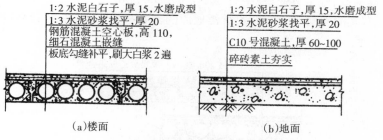

图 8-10　水磨石楼地面

水磨石楼地面应分格施工，可做成不大于1 m方格，或做成各种图案，分格用15 mm高玻璃条或金属条镶嵌而成，如图8-11所示。

面层也可做成300 mm×300 mm预制水磨石板，1:2水泥砂浆坐浆和嵌缝。

水磨石地面坚固、光滑、美观、易清洁、不起灰尘，一般用于大厅、走廊、厕所等处。

4. 陶瓷锦砖楼地面(马赛克)

陶瓷锦砖又名马赛克，它用优质瓷土烧制成各种色彩。陶瓷锦砖的尺寸规格较多，一般

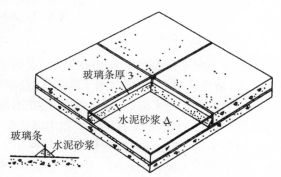

图 8-11　水磨石地面分格构造

为19 mm×19 mm×4 mm或39 mm×39 mm×4 mm小块，成品预先贴在牛皮纸上。陶瓷锦砖的施工方法是：在刚性垫层上做找平层，在找平层上用素水泥浆与陶瓷锦砖贴合，待凝结

后浇水刷去表面的牛皮纸，最后用水泥浆补缝。为了美观，可用白水泥或彩色水泥浆补缝。

陶瓷锦砖坚实、光滑、美观、平整、不透水、耐腐蚀，属高级装修材料，一般用于标准要求高的厕所、浴室、盥洗室、餐厅、厨房、理发室等处的地面，如图8-12所示。

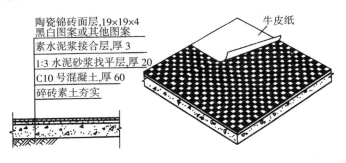

图8-12　陶瓷锦砖楼地面（马赛克）

5. 塑料块材楼地面

塑料块材或卷材地面是一种新型的地面装饰材料，其装饰效果好，耐磨、无尘、表面光滑、色彩鲜艳、成本低、施工方便，规格有 300 mm×300 mm×2 mm、200 mm×200 mm×2 mm 或 1000 mm 左右宽的卷材等。塑料块材楼地面的色彩有几十种，施工时要用专用黏合剂粘贴，如图8-13所示。

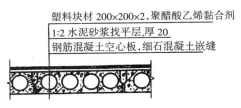

图8-13　塑料块材楼地面

6. 木楼地面

木楼地面是指表面由木板铺钉或胶合而成的地面，其优点是有弹性、不起灰尘、易清洁、不反潮、蓄热系数小，因此常用于高级住宅、宾馆、剧院舞台、体育馆比赛场地等建筑中。

木地面有普通木地面、硬木地面、拼花木地面三种。按构造方式的不同可分为木楼面和木地面。其中，木地面又有架空式和实铺式两种。

(1)木搁栅楼面。木搁栅楼面是一种用木搁栅做基层的楼面。搁栅一般为方料(或圆木)，截面为 75 mm×150 mm、间距为 400～600 mm(应经计算确定)。为加强稳定，每隔 1200 mm设剪刀撑一道，上钉企口板，下钉灰板条顶棚，中间可加隔音、保温等填充材料，如图8-14所示。木搁栅楼面由于木料消耗大、防火性能差，因此除有高级装饰要求或林区等地建筑外，一般应尽量少采用。

(2)粘贴式拼花木楼面。将钢筋混凝土空心楼板基层用 1∶3 水泥砂浆找平，厚为

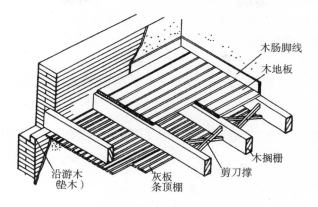

图 8-14　木搁栅楼层构造

20 mm,上刷冷底子油一道,刷热沥青一道,用沥青或环氧树脂粘贴硬木,企口拼花地板,表面刨光、油漆、上光打蜡,如图 8-15(a)所示。

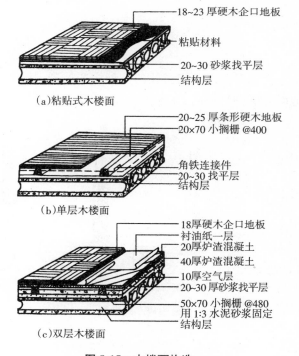

(a)粘贴式木楼面

(b)单层木楼面

(c)双层木楼面

图 8-15　木楼面构造

(3)单层木楼面。在空心楼板上做找平层,并在板缝中埋置角铁连接或 φ6 钢筋、防腐木楔等,上面钉 50 mm×70 mm 的小搁栅,间距为 400～500 mm,在上面铺设企口木地板,厚为 20～25 mm,如图 8-15(b)所示。

(4)双层木楼面。基层与单层木楼面相同,第一层为 20 mm 厚的毛楼板,45°斜铺钉,上面衬油纸一层,上钉 18 mm 厚的硬木企口地板或拼花地板,如图 8-15(c)所示。

木楼地面上的木板板缝形式如图 8-16 所示。

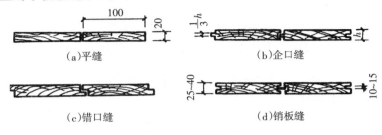

(a)平缝   (b)企口缝

(c)错口缝   (d)销板缝

图 8-16 板缝形式

第四节 踢脚线、墙裙构造

一、踢脚线

踢脚线是建筑物中楼地面与墙面相交处的一种构造处理,其作用是保护墙面。踢脚线面层材料一般和楼地面面层材料相同,高度为 100～200 mm。常用的踢脚线类型有水泥砂浆、水磨石、木材等,如图 8-17 所示。

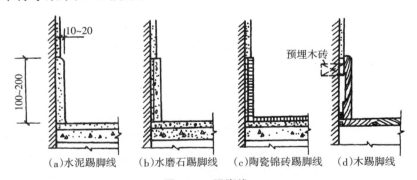

(a)水泥踢脚线   (b)水磨石踢脚线   (c)陶瓷锦砖踢脚线   (d)木踢脚线

图 8-17 踢脚线

二、墙裙

墙裙是建筑物中踢脚线向上的延伸。

墙裙的高度按需要确定,一般为 1 200～1 800 mm。墙裙的材料主要有水泥砂浆、水磨石、瓷砖、陶瓷锦砖、木材、塑料贴面板、油漆等,可根据情况选择。

墙裙的主要作用是保护墙面的清洁卫生,使墙面易于清洗。墙裙常用在建筑内厕所、浴室、厨房、餐厅、盥洗室、公共走廊等处,装饰要求较高的房间也可做木墙裙等。

第九章 门 与 窗 图

门与窗是房屋建筑的重要组成部分，它们分别起着交通联系、分隔、通风、采光等作用。同时，由于部分门窗还位于外墙上，因此在建筑造型上也起着重要的装饰作用。

过去的门窗通常用木料制作，现在为了节约木材，普遍采用钢门窗或由其他材料制成的门窗。门窗设计和生产已逐步走向标准化，各地均有标准图集，因此要求门窗尺寸规格符合模数和标准，以适应工业化生产的需要。

门与窗是房屋建筑中的两个重要围护构件。在实际施工中，要求门窗开启方便、坚固耐久、便于清洗和维修、造型美观大方、与建筑立面协调一致。

第一节 窗的种类与构造

一、窗的种类

房屋建筑中的窗，按不同材质及开启方式，可有以下几种分类。

（1）按材料分，有木窗、钢窗、铝合金窗、塑料窗、钢筋混凝土窗等。

（2）按镶嵌材料不同分，有玻璃窗（采光）、百叶窗（通风、遮光）、纱窗（通风、防虫）、防火窗（防火）、防爆窗（防爆）、保温窗（保温、防寒、采光）、隔音窗（隔音，要求密封性好）等。

（3）按开启方式分，有固定窗、平开窗、推拉窗、悬窗等。其中，悬窗又可分上悬窗、中悬窗、下悬窗等。

一般平开窗的各部构造名称，如图9-1所示。窗的开启形式，如图9-2所示。

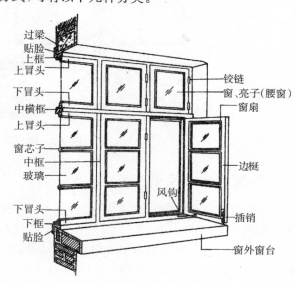

图 9-1 窗的各部构造

67

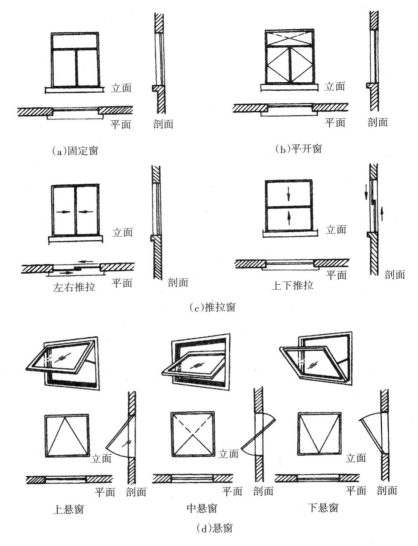

图 9-2　窗的开启形式

二、窗的一般尺寸

窗的尺寸以墙体洞口尺寸为标准,基本尺寸一般以 300 mm 作为扩大模数,可以组合成各种形式。

窗的洞口宽度主要有 600 mm(单扇),1 000 mm、1 200 mm(双扇),1 500 mm、1 800 mm(三扇),2 100 mm、2 400 mm(四扇),3 000 mm、3 300 mm、3 600 mm(六扇)等。

窗的洞口高度主要有 600 mm、1 200 mm、1 500 mm、1 800 mm、2 100 mm、2 400 mm、2 700 mm 等。

窗扇尺寸不宜过大,一般窗扇宽度不大于 600 mm,高度不大于 1500 mm,若确需过大过高,应设亮子(腰窗)和窗芯子。

三、木窗的组成与构造

1. 木窗的组成

木窗一般由窗框、窗扇、五金零件等组成。有的木窗还有贴脸、窗台板等附件。

2. 木窗的构造

(1)窗框。窗框一般由上框、下框、中横框、中框、边框等组成,如图 9-3 所示。窗框断面尺寸一般为 95 mm×50 mm、95 mm×42 mm,窗框的断面形式和尺寸由窗扇的层数、厚度和开启方式等因素来确定。

窗框与墙之间的固定方式是:在砌墙时,窗洞口两边预埋防腐木砖,间距不大于 1000 mm,但每边不少于 2 块,用铁钉将窗框钉在木砖上。

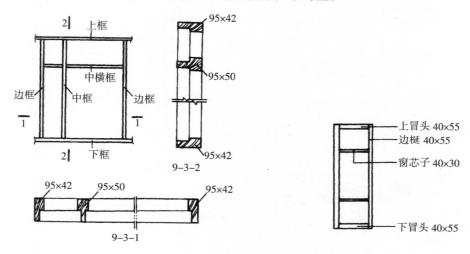

图 9-3　窗框的构造　　　　图 9-4　窗扇的名称

(2)窗扇。窗扇由边梃、上冒头、下冒头、窗芯子等组成,如图 9-4 所示。其中,窗梃和冒头的断面尺寸一般为 40 mm×55 mm,窗芯子为 40 mm×30 mm,玻璃厚度为 2～3 mm。玻璃用小钉固定在窗扇裁口里,然后用油灰嵌缝,油灰嵌缝的一面应朝室外,以免影响室内美观。

为使窗扇关闭时不透风雨,两扇窗扇相碰处应设碰头缝(高低缝或钉上压缝条)。窗亮子(腰窗)既可以平开,也可做成悬窗。

纱窗扇构造与木窗扇基本相同,但其扇料断面尺寸较小一些,通常为 30 mm×55 mm。纱料用小木条压牢。百叶窗扇是在一般扇料中安装百叶片。

(3)五金零件。不同的窗有其相应的五金零件。平开窗的五金零件有铰链、插销、窗钩、拉手、铁三角等。五金零件均用木螺丝固定。

木窗构造详图如图 9-5 所示。

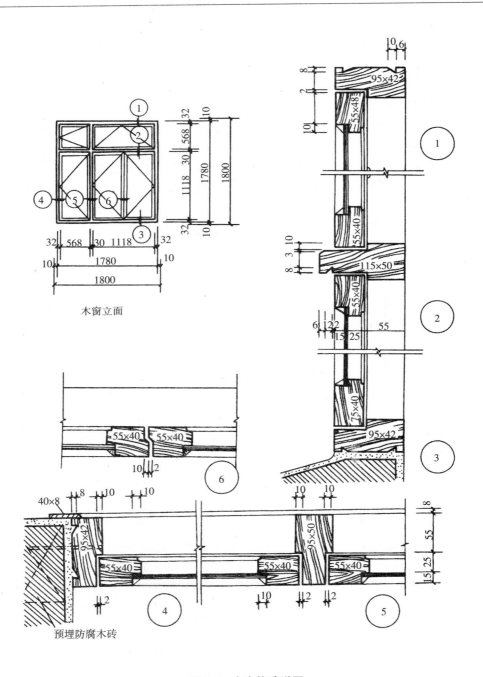

木窗立面

预埋防腐木砖

图 9-5 木窗构造详图

四、钢窗及其构造

随着现代钢铁工业的发展,钢窗在一般民用建筑中已被广泛采用。钢窗断面有实腹热轧型钢和空腹薄壁钢板两种,用焊接方式加工成各种规格的钢窗。钢窗的特点是节约木材、坚固耐久、采光面积比木窗大、便于工厂化生产,钢窗是今后房屋建筑发展的方向。

钢窗的形式和尺寸与木窗基本相同,可相互替换使用,各省市均有标准钢门窗图集。图9-5为木窗实例,若改为钢窗,可采用如图9-6所示的平开实腹钢窗。

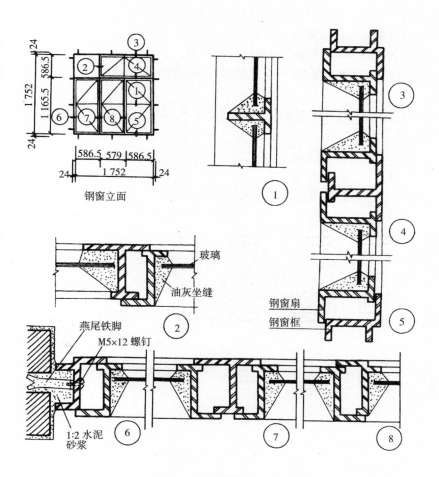

图 9-6 钢窗构造详图

71

第二节 门的种类与构造

一、门的种类

房屋建筑中的门,按不同的分类方式可有以下几种类型。

(1)按材料分,门可分为木门、钢门、铝合金门、塑料门、钢筋混凝土门等。

(2)按使用要求和制作方式分,门可分为镶板门(又名装板门)、拼板门、胶合板门(又名贴板门)、玻璃门(带玻、半玻、全玻)、百叶门、纱门等。

为满足建筑特殊功能需要,还可设置保温门、隔音门、防风沙门、防火门、防 X 射线门、防爆门等。

(3)按开启方式分,门可分为平开门(外开、内开、单开、双开等)、弹簧门、推拉门、转门、折叠门、铁栅栏门、卷帘门等。

二、门的符号

常用门的符号及其平面图形表示方法如图 9-7 所示。

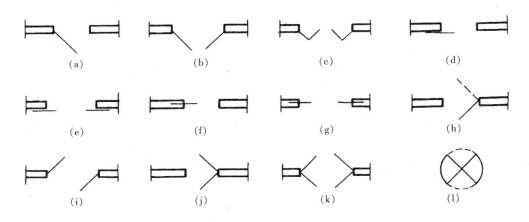

图 9-7 门的符号

三、门的一般尺寸

门的洞口尺寸以 300 mm 为扩大模数,可以组合成各种规格。其中,若要考虑特殊人体尺寸,个别单扇门可不以 300 为模数。

门洞口的宽度尺寸为:700 mm、800 mm、900 mm、1 000 mm(单扇门),1 200 mm、

1 500 mm、1 800 mm（双扇门），2 400 mm、3 000 mm、3 300 mm、3 600 mm（四扇门）。

门洞口的高度分为两类：有腰窗门洞高度为 2 400 mm、2 700 mm、3 000 mm、3 300 mm 等，无腰窗门洞高度为 2 000 mm、2 200 mm 等。

四、木门的组成与构造

1. 木门的组成

木门一般由门框、门扇、腰窗、五金零件等组成，有的木门还有贴脸等构件。如图 9-8 所示的是单扇带玻璃镶板门各部构造名称。

2. 门框的构造

门框又叫门樘子，由边框、上框、中横框、门槛（一般不设）等组成。门框断面尺寸根据铲口做法和门的大小而定，一般门框料的断面为 42 mm×95 mm 或 60 mm×115 mm。门框安装方式一般是在边框两边墙体内预埋木砖，木砖应做防腐处理，如图 9-9 所示。

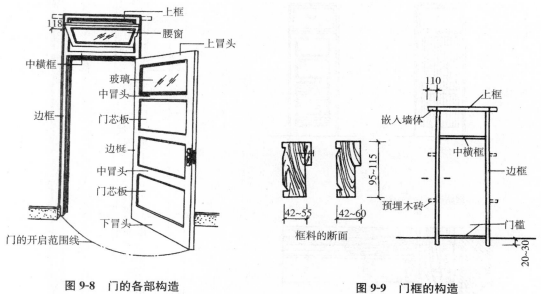

图 9-8　门的各部构造　　　　　　　　图 9-9　门框的构造

3. 门扇的构造

门扇一般由上冒头、中冒头、下冒头、边梃、门芯板等组成。各种门的主要区别在于其门扇的不同，如图 9-10 所示。

五、塑钢门及其构造

现在，塑钢门已在民用建筑中被广泛采用。塑钢门的形式和尺寸与木门基本相同，二者可相互替换，各省市均有塑钢门窗标准图集。

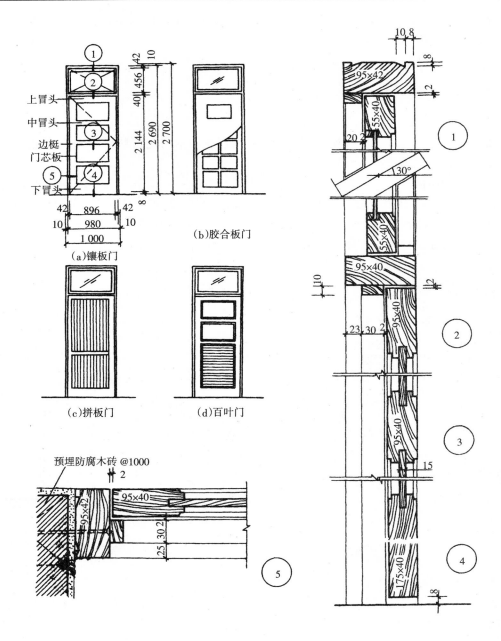

图9-10 木门构造详图

第十章 屋 顶 图

第一节 屋顶的作用及类型

一、屋顶的作用及要求

屋顶位于房屋建筑的最上部,覆盖着整个建筑。屋顶的作用是抵抗大自然风、雨、雪、霜、太阳辐射等的侵袭,这就要求屋顶具有良好的防水、保温、隔热性能。屋顶还应能承受外界传来的风、雪、施工等的荷载,并连同自重全部传给墙体,这就要求屋顶具有足够的强度、刚度和稳定性。地震区还应考虑地震荷载对屋顶的影响,满足抗震的要求,并力求做到自重轻、构造简单,就地取材、施工方便,造价经济、便于维修。同时,因为屋顶又是建筑造型的主要组成部分,因而还应注意其与整体建筑的协调。屋顶类型如图 10-1 所示。

二、屋顶的类型

屋顶按外形的不同可分为四大类,即平屋顶、坡屋顶、曲面屋顶、折板屋顶等。

1. 平屋顶

平屋顶是目前房屋建筑中采用较多的一种屋顶形式,一般用现浇或预制钢筋混凝土板作为承重结构,屋面做防水、隔热、保温处理。为便于排水,平屋顶应有一定坡度,一般在5%以下。平屋顶如图 10-1(a)所示。

2. 坡屋顶

坡屋顶的形式有单坡、双坡(悬山、硬山)、四坡(庑殿、歇山)、折腰等。坡屋顶一般以屋架等作为承重结构,屋面材料目前多用黏土瓦和水泥瓦等。坡屋顶的优点是构造简单、较经济,缺点是自重大、瓦片小,不便于机械化施工。坡屋顶如图 10-1(b)、(c)、(d)、(e)、(f)、(g)、(h)所示。

3. 曲面屋顶

曲面屋顶形式多样,主要有拱形屋顶、球形屋顶、双曲面屋顶以及各种薄壳结构和悬索结构等,如图 10-1(i)、(k)、(l)所示。曲面屋顶由于结构构造较复杂,因而较少采用。

4. 折板屋顶

折板屋顶是由钢筋混凝土薄板制成的折板构成的屋顶,其优点是结构合理经济,缺点是

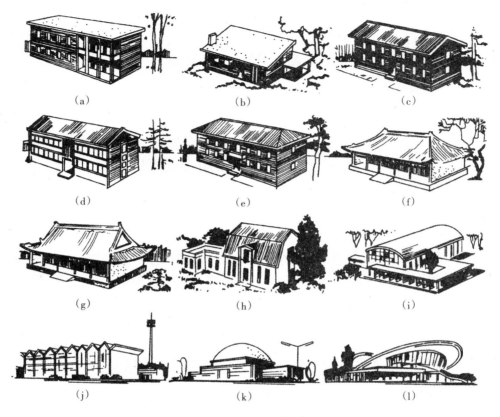

图 10-1 屋顶类型

施工、构造比较复杂,故目前采用较少。折板屋顶形式有"V"形折板、"U"形折板等,如图 10-1(j)所示。

第二节 坡屋顶的构造

一、坡屋顶的组成

坡屋顶通常由屋面层、承重层、顶棚等几部分组成。此外,根据地区和建筑特殊需要,还可增设保温层、隔热层等。

1. 屋面层

屋面层是屋顶的最表面层,直接承受大自然的侵袭,要求能防水、排水、耐久等。坡屋顶的排水坡度与屋面材料和当地的降雨量等因素有关,一般在 18°以上。

2. 承重层

坡屋顶的承重层结构类型很多,按材料分有木结构、钢筋混凝土结构、钢结构等。屋顶承重层要求能承受屋面上全部荷载及自重等,并能将荷载传给墙或柱。

3. 顶棚

顶棚是房屋建筑最上层房间顶面、屋顶最下层的一种构造设施。设置顶棚可使房屋天棚平顶平整、美观、清洁。顶棚可吊挂在承重层上,也可搁置在柱、墙上。

4. 保温层、隔热层

南方炎热地区可在屋顶的顶棚上设隔热层,北方寒冷地区顶棚上应设保温材料。

二、坡屋顶的支承结构

坡屋顶的结构方式有两种,即山墙承重和屋架承重。

1. 山墙承重(又称横墙承重)

山墙是指房屋的横墙,山墙承重是将横墙砌成山尖,形成坡度,在横墙上搁置檩条,檩条上立椽条,再铺设屋面层。一般开间在 4 m 以内的房间设有山墙。山墙适于住宅、宿舍等民用建筑工程,如图 10-2 所示。

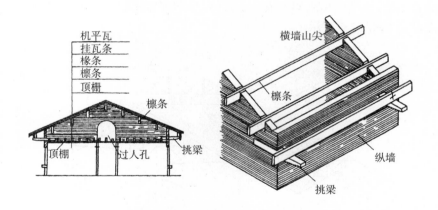

图 10-2 山墙承重构造

山墙承重结构方式的优点是构造简单、施工方便、节约木材,它是一种经济合理的房屋建筑结构方案。

2. 屋架承重

一般民用建筑常采用三角形屋架来支承檩条和屋面上全部构件,屋架通常搁置在房屋纵墙或柱上。屋架可用各种材料制成,如木屋架、钢筋混凝土屋架、钢屋架、组合屋架等。

屋架跨度为 9 m、12 m、15 m、18 m(3 m 的倍数)的,一般用于木屋架;跨度在 18 m 以上的用于钢筋混凝土屋架、钢屋架或组合屋架,其跨度递增以 6 m 为倍数,即 24 m、30 m、36 m 等。

屋架由上弦、下弦、腹杆(直腹杆和斜腹杆)等杆件组成。木屋架各部构造名称和节点详图如图 10-3 所示。

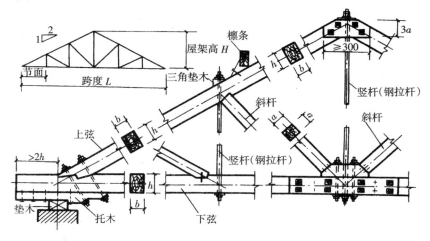

图 10-3　木屋架节点详图

为了保证屋架的纵向稳定,需要在两榀屋架之间设置垂直支撑构件。垂直支撑应每隔一榀屋架放置一根,使每两榀屋架连成一个整体,但不宜在屋架与山墙间设置垂直支撑。屋架垂直支撑设置如图 10-4 所示。

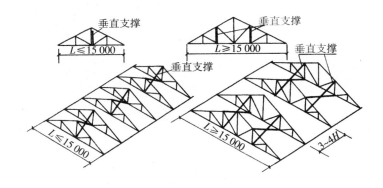

图 10-4　屋架的垂直支撑

三、坡屋顶的屋面构造

坡屋顶屋面由屋面支承构件和屋面防水层组成。其中,支承构件由檩条、椽条、屋面板、挂瓦条等组成;屋面防水层构件有平瓦或小青瓦、水泥瓦、石棉水泥瓦、瓦楞铁皮、铝合金瓦、玻璃钢波形瓦等,可根据建筑要求选定。

1. 屋面支承构件

(1)檩条。檩条一般搁置在山墙或屋架上,间距@800～1000(水平投影),可用各种抗弯性能较好的材料制成,如木檩条、钢筋混凝土檩条、钢桁架组合檩条等。①木檩条。断面形式有圆形($\phi100\sim\phi150$)、矩形(宽 $50\sim80$ mm、高 $100\sim150$ mm),长度不大于 6 m,如图 10-5(a)所示。矩形檩条搁置在屋架上的方式有两种,一种是与屋架上弦垂直(倾斜搁置),另一种是与地面垂直,与上弦倾斜(垂直搁置),如图 10-6 所示。檩条与檩条接头有三种,即对接、高低榫接、错接,如图 10-7 所示。②钢筋混凝土檩条。是指将檩条制成钢筋混凝土材质,其断面形式有矩形、冂形、T 形、空心矩形等,如图 10-5(b)所示。

(a)木檩条断面形式　　　　(b)钢筋混凝土檩条断面形式

图 10-5　檩条断面形式

(a)倾斜搁置　　　　　　(b)垂直搁置

图 10-6　檩条搁置方式

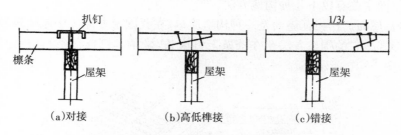

(a)对接　　　　(b)高低榫接　　　　(c)错接

图 10-7　檩条断面形式

　　(2)椽条。又称椽子、桷子等,断面形式为矩形,尺寸在 40 mm×70 mm 左右,垂直铺钉在檩条上面,间距为 $300\sim600$ mm,一般在 400 mm 左右。

　　(3)挂瓦条。断面为矩形,尺寸为 30 mm×25 mm、30 mm×30 mm、30 mm×40 mm 等,间距通常为 280 mm,或根据瓦的尺寸试铺而定。

　　此外,还有钢筋混凝土挂瓦板,其断面形式如图 10-8 所示。钢筋混凝土挂瓦板经济适用、可替代木材,它不需要椽条、檩条和挂瓦条,施工中只需直接搁置在钢筋混凝土屋架上或山墙上,板底(倾斜面)刷白还可替代平顶。

　　2. 屋面铺材与构造

　　平瓦屋面的铺材主要有机平瓦、水泥瓦、脊瓦等,尺寸为 400 mm×240 mm,每平方米 12

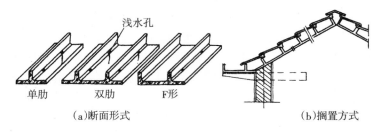

图 10-8 钢筋混凝土挂瓦板

块,屋面坡度一般为 $26°34'$(1：4)、$34°$(1：3.5)、$35°$(1：3)等。机平瓦和脊瓦构造如图 10-9 所示。

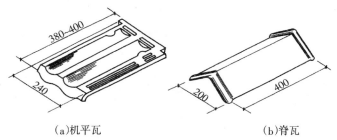

图 10-9 机平瓦、脊瓦

机平瓦屋面主要有以下几种构造方法。

(1)楞摊瓦屋面。楞摊瓦屋面是一种构造简单、在我国南方地区房屋建筑较多采用的一种平瓦屋面形式。它的构造方法是在檩条上钉椽条,椽条上钉挂瓦条,直接挂瓦,省去屋面板和油毡,如图 10-10 所示。

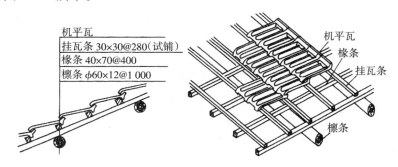

图 10-10 楞摊瓦屋面

(2)木屋面板平瓦屋面。木屋面板平瓦屋面是指在檩条或椽条上钉屋面板(15～20 mm 厚),板上平行屋脊方向铺一层油毡,上钉顺水条,再钉挂瓦条挂瓦,如图 10-11 所示。

(3)波形瓦屋面。目前我国在房屋建筑中采用的波形瓦主要有石棉水泥瓦、钢丝网水泥波形瓦、玻璃钢波形瓦、瓦楞铁皮、铝合金瓦等。波形瓦的规格与尺寸各地不统一,分大波、

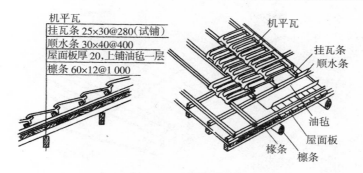

图 10-11 木屋面板平瓦屋面

中波、小波，一般在 1 800 mm×900 mm 左右，弧高为 30～50 mm。构造方法是直接铺搭在檩条上，用瓦钉加垫圈钉在木檩条上，或用钢筋钩钩住檩条。在铺设波形瓦时，应使波形瓦上下搭接 100～200 mm，左右搭接 1～2 波。波形瓦屋面如图 10-12 所示。

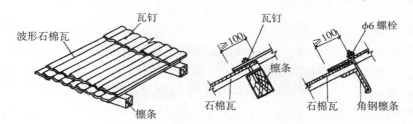

图 10-12 波形瓦屋面

（4）小青瓦屋面。小青瓦是我国民居中常用的一种屋面材料，其最简单的构造方法是将瓦叠接铺在椽条上，椽条 40 mm×70 mm@180 mm 中距。小青瓦屋面如图 10-13 所示。

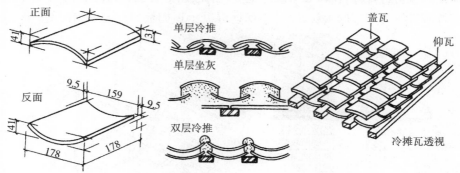

图 10-13 小青瓦屋面

3. 构件自防水屋面

构件自防水屋面的防水关键在于混凝土构件本身的密实无裂缝、板面平整光滑，以及构造处理得当。自防水屋面构件主要有单肋板、F 板、槽瓦、折板等。如图 10-14 所示为槽瓦屋

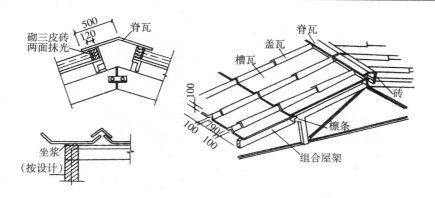

图 10-14 自防水槽瓦屋面

面构造。

四、坡屋顶的顶棚构造

顶棚又称平顶或天棚,一般设在坡屋顶屋架下弦或其他相应的位置。顶棚的主要作用是增加房屋的保温、隔热性能,同时还能使房间顶部平整美观,使室内明亮、清洁卫生。有的公共建筑还将顶棚做成各种装饰或装置各种灯具,达到装饰和丰富室内空间的效果。

可吊在檩条下(或屋架下弦)的顶棚称为吊顶,可独立设置(搁置在墙上)的顶棚称为平顶(天棚)。顶棚也可直接把灰板条钉在檩条或椽条下面,做成斜平顶,这种斜平顶常用于有阁楼层的平顶。

顶棚一般由承重层和面层组成,有时为了保温和隔热需要,可增设填充层。在民用建筑中,最常见的做法是灰板条顶棚和石棉吸音板顶棚,如图 10-15 所示。

顶棚面层还可钉各种板材,如木质纤维板、刨花板、三合板、石棉吸音板、石膏装饰板、钙塑泡沫装饰板等。为了节约木材,可采用钢筋混凝土顶棚板,直接搁置在承重墙上,断面为

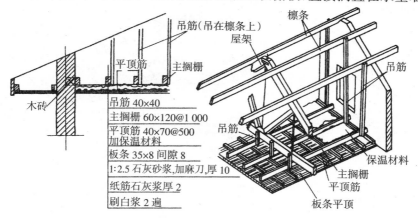

图 10-15 灰板条平顶构造

L、Ⅱ形等,其断面尺寸由结构计算确定。这种钢筋混凝土顶棚板的缺点是自重大,耗用钢材和水泥。此外,为了防止顶棚木基层腐烂,还应注意通风和防潮。

五、坡屋顶的檐口构造

建筑物屋顶与墙体顶部交接处称为檐口,其作用是保护墙身及建筑装饰。檐口做法有两种,即挑檐和包檐。下面介绍几种常见的檐口构造做法及山墙做法。

1. 附木挑檐

附木挑檐是利用屋架下弦附木(托木)挑出,其构造简单,但挑出尺寸不宜过大,一般在500 mm 左右,如图 10-16(a)所示。

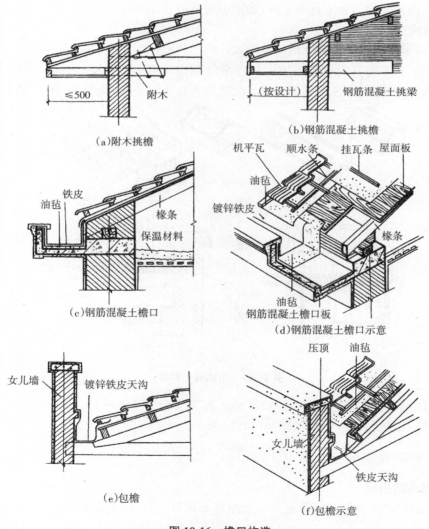

(a)附木挑檐

(b)钢筋混凝土挑檐

(c)钢筋混凝土檐口

(d)钢筋混凝土檐口示意

(e)包檐

(f)包檐示意

图 10-16　檐口构造

2. 钢筋混凝土挑檐

当挑出尺寸较大时,为了节约木材,可采用钢筋混凝土挑梁作为挑檐支承构件,如图 10-16(b)所示。

3. 钢筋混凝土檐口

当建筑立面要求有组织排水时,可采用钢筋混凝土预制或现浇檐口板,如图 10-16(c)、(d)所示。

4. 包檐

包檐又称封檐,即女儿墙檐口,其构造是半墙砌至檐部以上,檐部以上的墙体称为压檐墙(即女儿墙)。包檐主要用于立面造型,遮挡屋面,临街建筑较多采用此种檐口。女儿墙顶部设置钢筋混凝土压顶,防止砖块跌落伤人,屋面与女儿墙交接处设置镀锌铁皮天沟或钢筋混凝土天沟,由水落管将雨水排至室外,如图 10-16(e)、(f)所示。

5. 山墙构造

坡屋顶山墙常做成悬山和硬山两种形式。

(1)悬山。将端部开间檩条等屋面构件全部挑出山墙 500～600 mm,端部檩条钉封山板,下部一般做清水平顶,便于屋面通风。北方做灰板条斜平顶,如图 10-17(a)所示。

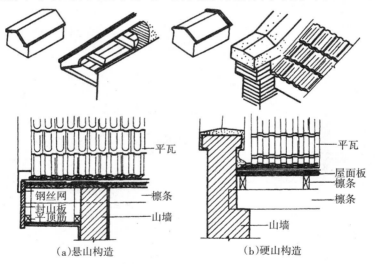

(a)悬山构造　　　　　(b)硬山构造

图 10-17 山墙檐口构造

(2)硬山。山墙砌平或高出 300～500 mm,瓦与墙面交接处用 1∶1∶6(水泥∶纸筋∶石灰)砂浆捂牢,山墙上抹出压顶,如图 10-17(b)所示。

六、坡屋顶的排水与泛水

1. 坡屋顶的排水

坡屋顶的排水分为无组织排水和有组织排水两种。其中,有组织排水又可分为内排水和外排水。

坡屋顶上的雨水直接顺挑出的檐口排至室外,称为无组织排水,如图10-16(a)、(b)所示。这种排水方式构造简单、经济,但对于较高的建筑(3层以上或10 m以上)或临街建筑因不允许自由排水影响行人交通,或使底层窗台沾水,因而要有组织排水,其方法是设置白铁皮檐沟,如图10-18所示,或设置钢筋混凝土檐沟,构造如图10-16(c)、(d)所示。

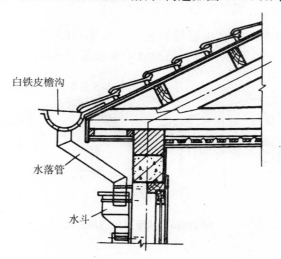

图10-18 白铁皮檐沟构造

所谓有组织内排水,一般是指在设置天沟时,从天沟直接将水引入地下排水管网中去的一种排水方式。民用建筑较少采用这种方式。

2. 坡屋顶的泛水

凡突出屋面的烟囱、排气管、老虎窗、屋面与女儿墙、屋面硬山墙面等与屋面交接处均须设置"泛水"(即防水的泛滥),泛水构造如图10-19所示。

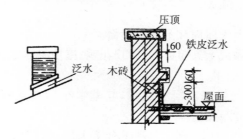

图10-19 泛水构造

七、坡屋顶的保温、隔热和通风

房屋建筑中坡屋顶的保温、隔热和通风等要求可通过以下方式实现。

1. 铺设保温或隔热层

在屋面基层上铺设保温、隔热层,方式是屋面板上铺设玻璃纤维棉作为保温、隔热层。在吊顶棚上铺设保温、隔热材料。我国北方民居通常是在椽条上铺设一层芦苇柴泥,上面再铺设小青瓦。

2. 坡屋顶的通风构造

坡屋顶的通风构造方式是在山墙设置通风百叶窗,或砖砌花格(内衬铁丝网,以免鼠、雀、蛇、虫入内),如图10-20所示。檐口顶棚设清水板条平顶或通风洞。

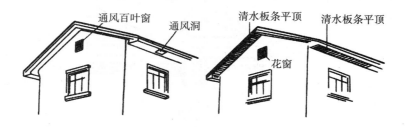

图 10-20　坡屋顶的通风构造

第三节　平屋顶的构造

屋顶坡度小于1:10的称为平屋顶,平屋顶的支承结构一般采用钢筋混凝土梁板。由于梁板布置比较灵活,构造也较简单,且经济耐用、外形美观,所以目前一般民用建筑工程较多采用平屋顶。

一、平屋顶的类型与组成

平屋顶按用途可分为上人屋面和不上人屋面。

城市建筑中的屋顶若做成上人屋面,如屋顶花园、屋顶游泳池、休息平台等,则可以充分利用建筑空间,收到特殊的效果。

平屋顶的结构层一般为钢筋混凝土结构,其基本布局方式有3种,即横向布局(见图10-21)、纵向布局(见图10-22)、混合布局。

平屋顶的基本组成除结构层之外,主要还有防水层、保护层等。在结构层上常设找平层,便于上面各层施工,结构层下面可设顶棚。

寒冷地区,为了防止热量的损耗,屋顶可增设保温层;炎热地区,为了防止太阳辐射,屋顶可加隔热层和通风措施,一般设置架空隔热板或设置通风层。

根据防水层做法的不同,平屋顶可分为柔性防水屋面和刚性防水屋面。

两种屋面的构造层次如图10-23所示。

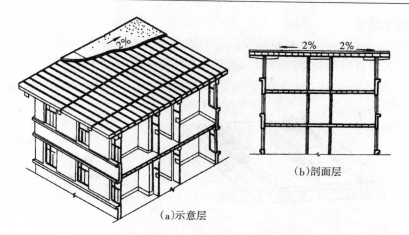

（a）示意层

（b）剖面层

图 10-21 平屋顶结构层横向布局

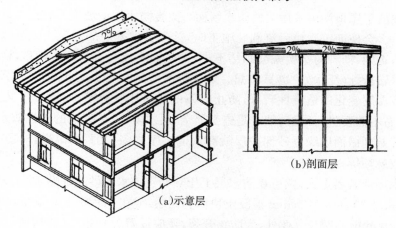

（a）示意层

（b）剖面层

图 10-22 平屋顶结构层纵向布局

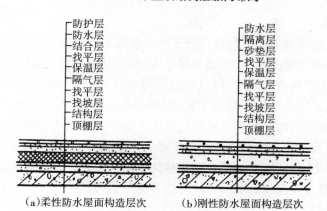

防护层
防水层
结合层
找平层
保温层
隔气层
找平层
找坡层
结构层
顶棚层

防水层
隔离层
砂垫层
找平层
保温层
隔气层
找平层
找坡层
结构层
顶棚层

（a）柔性防水屋面构造层次　　（b）刚性防水屋面构造层次

图 10-23 平屋顶的构造层次

1. 柔性防水屋面

以沥青、油毡、油膏等柔性材料铺设的屋面防水层叫柔性防水屋面。如图 10-24 所示的两层油毡用三层沥青分层黏结的称作二毡三油柔性防水屋面。

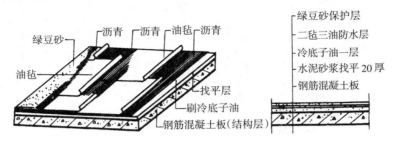

图 10-24 二毡三油柔性防水屋面

各类房屋的平屋顶均可采用柔性防水屋面。柔性防水屋面坡度不宜过大,通常为 2‰～10‰,坡度过大,会使沥青受热后流淌。施工时,首先要求基层的混凝土或砂浆找平层一定要平整、干燥,否则,沥青与基层就会黏结不牢,受热后不仅会因易起泡而破坏防水层,而且会使女儿墙等转折处(泛水处)也易渗漏。柔性防水屋面的主要优点是它对房屋地基沉降、房屋受震动或温度变化的适应性较好,防止渗漏的质量比较稳定,如施工按操作规程进行,通常 10 年左右不需要进行维修;缺点是施工繁杂、层次多,二毡三油的柔性防水屋面从水泥砂浆找平层开始到撒面层绿豆砂保护层就有八道工序之多,又要高温操作,还受气候影响,渗漏维修比较麻烦等。

柔性防水屋面若需上人,则可在防水层上用热沥青或水泥砂浆铺贴 400 mm×400 mm×25 mm、300 mm×300 mm×25 mm 混凝土块作为面层,或在上面现浇厚 30 mm 的混凝土层,内加 φ4@200 mm 钢筋网片。此外,为防止开裂,还应设置分仓缝(又称构造缝,一般以横墙轴线和屋脊缝分格)。

2. 刚性防水屋面

以细石混凝土、防水砂浆等刚性材料铺设的屋面防水层叫刚性防水屋面。

为了防止刚性防水屋面因温度变化或房屋不均匀沉降引起开裂,需设置分仓缝,以防渗漏。

刚性防水屋面由于所用的防水材料(除分仓缝之外)没有伸缩性,易出现裂缝且浇捣不方便。因此,刚性防水屋面常用于屋面平整、形状方正的屋面,同时在使用上无较大震动的房屋和地基沉降比较均匀以及温度差较小的地区。如不属于上述情况又需要做刚性防水屋面时,则必须另外采取措施,如设置伸缩缝、沉降缝或表面另加防水层等。

刚性防水屋面的主要优点是其造价比柔性防水屋面低,施工层次比柔性防水屋面少;由于刚性防水屋面较易发现裂缝,因此可以"见缝补缝",检修较为方便。但刚性防水屋面渗漏问题仍是难以处理的质量问题。

刚性防水屋面的做法一般有以下几种。

（1）防水砂浆。是在砂浆中掺以 5% 的防水粉成为防水砂浆，直接抹在已找平的钢筋混凝土基层上。

（2）细石混凝土。用 C20 号细石混凝土浇灌面层，厚为 30～50 mm，因细石混凝土在干硬时收缩性大，易发生裂缝，故施工时应注意配合比和水灰比，并加强振捣和养护。

（3）钢筋混凝土。用 C20 号细石混凝土浇灌面层，厚为 30～50 mm，配置 $\phi4@200～250$ mm 钢筋网片。钢筋混凝土刚性防水屋面是目前采用较为普遍、效果较好的一种刚性防水屋面，如图 10-25 所示。

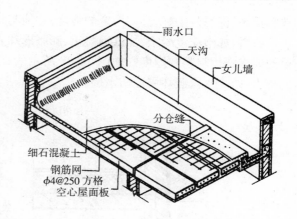

图 10-25 刚性防水屋面构造

分仓缝的做法有嵌缝式、贴缝式、盖瓦式等，如图 10-26 所示。

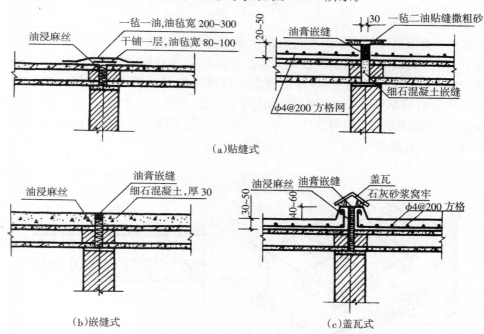

图 10-26 分仓缝构造

二、平屋顶的保温与隔热

1. 保温层

保温层一般设置在结构层上、防水层下，或设置在顶棚与屋面的间隔内。保温层材料应选容重小、保温效果好、具有一定的强度，并能与结构层黏结、价格便宜、能就地取材、便于施工等材料，如泡沫混凝土、加气混凝土、膨胀珍珠岩、膨胀蛭石、玻璃纤维棉等，可根据建筑保温的要求选用材料和厚度。如图 10-27 所示为在结构层设置保温层，施工时应注意水蒸气的排出，防止水汽破坏屋面防水层。

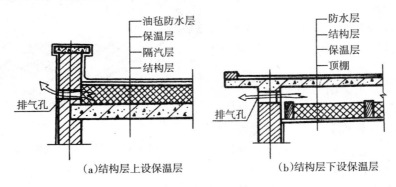

图 10-27 平屋顶的保温层

2. 隔热层

我国南方地区的建筑为了防止太阳辐射，常设置隔热通风层，以减少由于材料的热传导而引起室内温度升高，并要求能迅速排出这部分热空气，因此组织隔热层的通风是降温的主要措施。常见的隔热层有两种，一种是屋面上设置架空隔热板，隔热板可采用 500 mm×500 mm×30 mm 的钢筋混凝土平板，四角设砖墩（或设地陇墙），高 240 mm。应注意组织板下的通风，构造如图 10-28 所示。另一种是屋顶结构层下设置吊平顶，纵墙设置通风洞，组织平顶内空气对流降温，如图 10-29 所示。

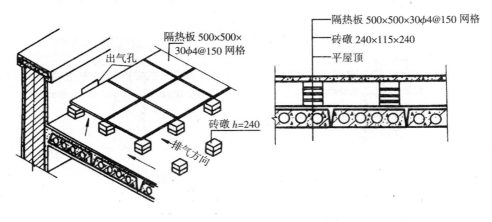

图 10-28 架空隔热板平屋顶构造

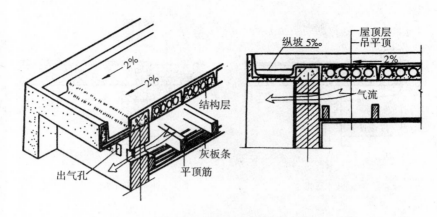

图10-29 吊平顶通风层构造

三、平屋顶的排水和泛水

1. 平屋顶的排水

防止平屋顶渗漏的关键是迅速排出屋面上的雨水、雪水等。屋面排水方式有两种:一种是无组织排水,其檐口构造如图10-30所示;另一种是有组织排水,即将屋面划分为若干排水区,使雨水沿一定方向和路线流至雨水口,并经水落管排至室外,如图10-31所示。屋面排水坡度平屋顶在1:10以内,一般为2‰～3‰,天沟、檐沟在5‰左右。排水坡度的设置方式有两种:一种是结构找坡,即在结构层铺设屋面板时就形成坡度;另一种是用砂浆找出坡度,或用保温层铺成规定坡度。

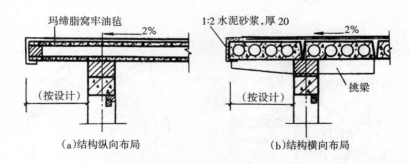

图10-30 平屋顶无组织排水檐口构造

2. 平屋顶的泛水

凡突出平屋顶的构件(如烟囱、排气管、女儿墙等)与屋面交接处均须作泛水,以防雨水侵入。泛水处理方法有很多,如图10-32所示。

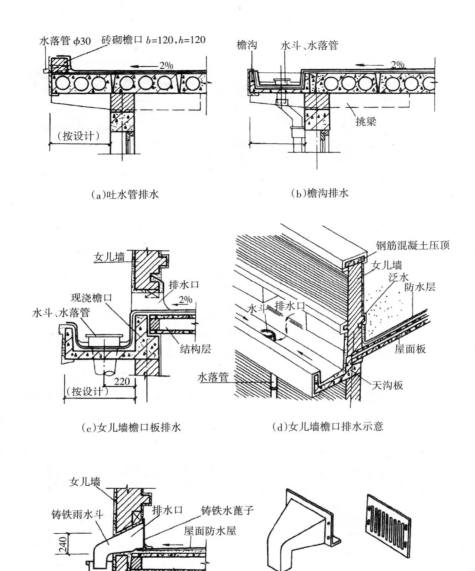

（a）吐水管排水　　　　　　　　（b）檐沟排水

（c）女儿墙檐口板排水　　　　（d）女儿墙檐口排水示意

（e）女儿墙落水管外排水

图 10-31　平屋顶有组织排水檐口构造

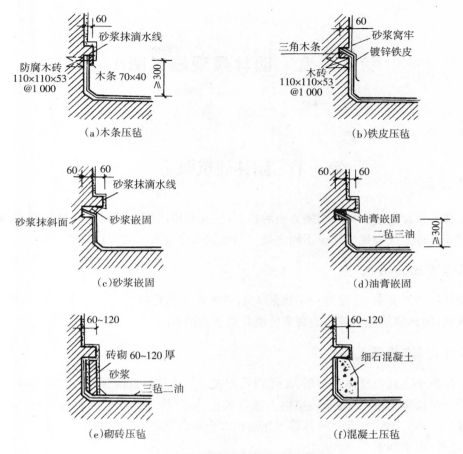

图 10-32 平屋顶泛水构造

第十一章　园林景观施工图

第一节　园林建筑概述

由于园林建筑在物质和精神功能方面的特点,因此其用以围合空间的手段与要求,和其他建筑类型在处理上又表现出许多不同之处。归纳起来主要有下列五点。

一、园林建筑的功能

园林建筑的功能要求,主要是为了满足人们的休憩和文化娱乐生活需要。园林建筑的艺术性要求高,园林建筑应有较高的观赏价值并富于诗情画意。

二、园林建筑"构园无格"

园林建筑由于受到自身休憩游乐、文化娱乐方式多样性和观赏性强等特点的影响,可说是无规可循,即"构园无格"。因为一座供人观赏景色、短暂停留休息的园林建筑物,很难确定其在设计上必然的制约要求。园林建筑在面积大小和建筑形式的选择上,或亭或廊、或圆或方、或高或低,似乎均无不可。

三、园林建筑的景色要富于变化

园林建筑所提供的空间要能适合游客在动中观景的需要,务求景色富于变化,做到步移景异,换言之,即要在有限空间中使人产生变幻莫测的感觉。

四、园林建筑是园林与建筑的结合体

园林建筑是园林与建筑有机结合的产物,无论是在风景区还是在市区内造园,出自对自然景色固有美的向往,都要使建筑物的设计有助于增添景色,并与周边环境相协调。在空间布局中,要特别重视对室外空间的组织和利用,最好能通过巧妙的布局,使室内、室外空间成为一个整体。

五、园林建筑要继承和发扬中国古典园林的优良传统

组织园林建筑空间的物质手段,除了建筑营建之外,筑山、理水、植物配置也极为重要,

它们之间不是彼此孤立的,而是应该紧密配合,构成一定的景观效果。不仅如此,在中国传统造园技艺中,为了创造富于艺术意境的空间环境,还特别重视借助大自然中各种动态组景的因素。园林建筑空间在花木水石点缀下,常可产生奇妙的艺术效果。因此可以做这样的理解:园林建筑是一门占有时间空间、有形有色、有声有味的立体空间艺术。这也是中国别具风格的古典园林优良传统的精髓所在。

以上五点,是园林建筑与其他建筑类型不同的地方,也是园林建筑本身的特征。

园林建筑强调景观效果,突出艺术意境创造,但绝不能理解为不需要重视建筑功能。园林建筑在考虑艺术意境过程中,有两个最重要、最基本的因素必须结合进去,否则,景观或艺术意境就会是无本之木、无源之水,在设计工作中也就无从落笔。这两个最基本的因素即建筑功能和自然环境条件,两者不是彼此孤立的,在组景时需综合考虑。古典的园林建筑,具有强烈中轴线的对称空间艺术布局,构成了极其宏伟壮丽的艺术形象。从北京颐和园、北海建筑群的艺术构思,可以见到我国古代匠师如何结合建筑功能和自然环境,通过因地制宜改造地形环境(挖湖堆山),来塑造各具特色的建筑空间的巧妙手法(图 11-1、图 11-2)。

园林建筑如何以建筑功能为基础,在古今优秀的建筑中可以找到许多实例。如承德避暑山庄是清代鼎盛时期的大型皇室园林,内有七十二景,各景艺术布局各不相同,正座建筑群是皇帝明堂所在,为了满足朝觐时的礼仪需要,采用轴线对称严整的空间布局;湖区内的建筑组群以供皇室闲游休憩,多采用不规则的自由布局;在平原区,为了提供赛马、骑射、摔跤等少数民族的比武盛会场地,在空间处理上特意模仿自然草原的广阔空间。它们在空间布局上,自然也要按照庙宇的制式进行安排。最后,深入到山区腹地的建筑组群,其功能主要是供帝王探幽览胜。因此,在这些建筑组群中利用山岩地形的高低错落进行组景,成了其空间组合的共同特色(图 11-3)。避暑山庄中的布局在立意上结合功能、地形特点,采用了对称与自由不对称等多种多样的空间处理手法,使全园各景各具特色,总体布局既统一又富于变化。

构成园林建筑组景的另一重要因素是环境条件,如绿化、水源、山石、地形、气候等。从某种意义上来说,园林建筑有无创造性,往往取决于设计者如何利用和改造环境条件,从总体空间布局到细部处理都不能忽视这个问题。大连海滨星海公园的风景点"探海",是一个天然洞穴,从山头蜿蜒而下直通海面。当人们通过狭窄、幽暗的洞穴摸索绕行,最后到达海滩洞口的时候,一望无际的广阔海面奔向眼底,冲击石岸的怒涛声声入耳,没有人不被这大自然的美丽景色所陶醉。然而,这里没有盖一亭一廊,只在入口石壁上镌刻"探海"两个红色大字作为点题,这个点题的位置与含义颇具点睛之妙。云南石林的剑峰池,在密集的奇峰怪石间有一潭平静、曲折的池水,直插云天的石峰与清澈如镜的水面在形、色、质感上构成了强烈的对比,映入池面的峰石倒影、光影变幻无穷,更加丰富了画面的层次。设计者巧妙地利用这天然奇景,沿池壁布置了一条紧贴水面的步道,迂回穿插于石峰之间,游人沿步道而行,

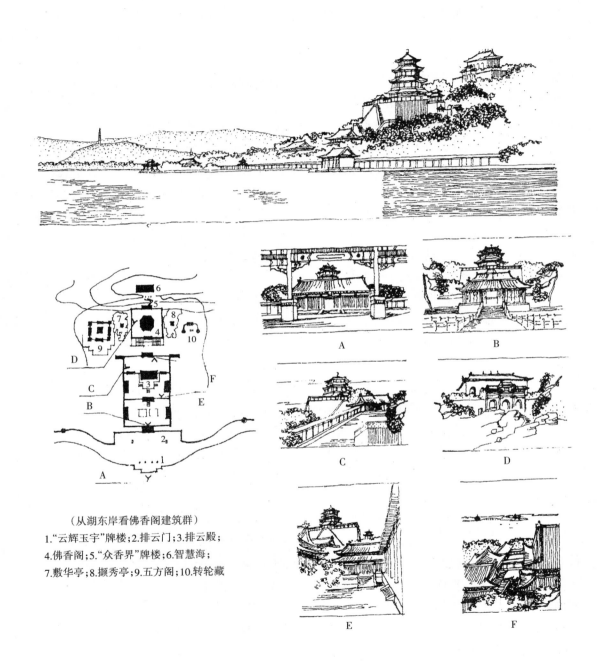

（从湖东岸看佛香阁建筑群）
1."云辉玉宇"牌楼；2.排云门；3.排云殿；
4.佛香阁；5."众香界"牌楼；6.智慧海；
7.敷华亭；8.撷秀亭；9.五方阁；10.转轮藏

图 11-1 佛香阁建筑群

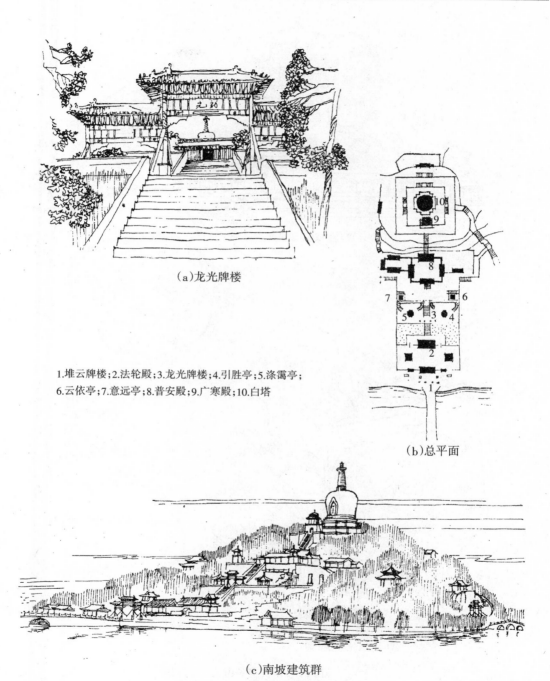

（a）龙光牌楼

1.堆云牌楼；2.法轮殿；3.龙光牌楼；4.引胜亭；5.涤霭亭；
6.云依亭；7.意远亭；8.普安殿；9.广寒殿；10.白塔

（b）总平面

（c）南坡建筑群

图 11-2　北海白塔山南坡建筑群

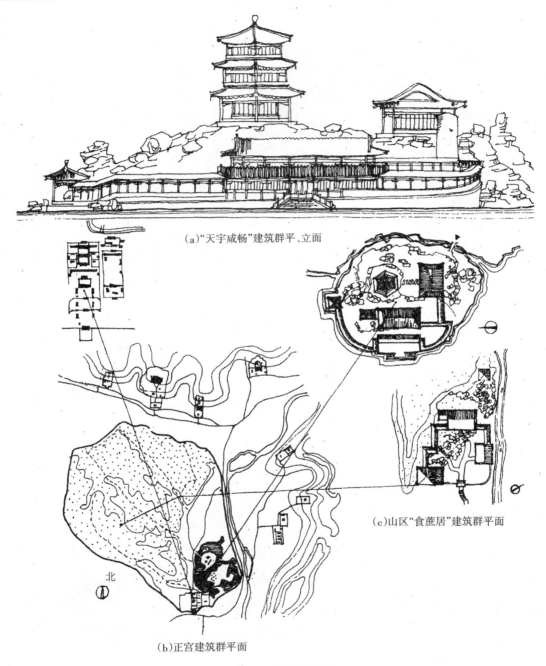

（a)"天宇咸畅"建筑群平、立面

（c)山区"食蔗居"建筑群平面

北

（b)正宫建筑群平面

图 11-3　承德避暑山庄

空间时分时合,忽大忽小,骤明骤暗,有如置身仙境(图 11-4)。园林建筑中因势利导环境条件,贯彻"因境而成""景到随机"的原则进行创造性组景的例子很多,如桂林七星岩公园碧虚

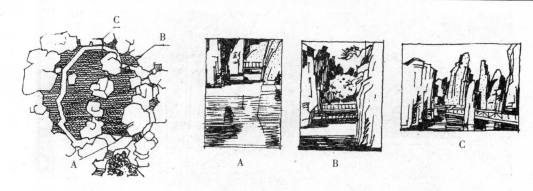

图 11-4 云南昆明石林剑峰池

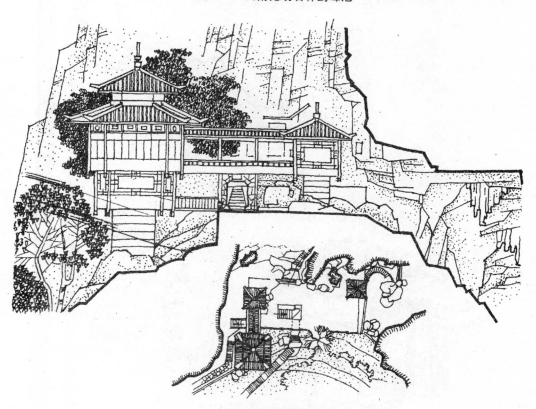

图 11-5 桂林七星岩碧虚阁

阁和豁然亭(图 11-5、图 11-6)利用山崖洞口组景,重庆北温泉的乳花洞、峨眉山清音阁的洗心亭(图 11-7、图 11-8)利用天然瀑布山洞组景等。这些例子说明,在自然风景佳丽的地区组景,比较容易取得良好的景观效果。在一般地区,由于缺少这些良好的自然条件,组景立意

北

图 11-6 七星岩豁然亭

图 11-7 重庆北温泉乳花洞

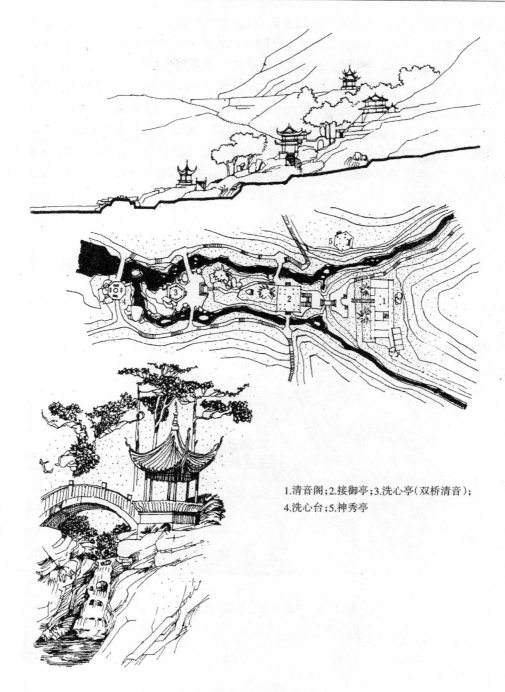

1.清音阁；2.接御亭；3.洗心亭（双桥清音）；
4.洗心台；5.神秀亭

图 11-8 峨眉山清音阁

会比较困难,但只要在设计过程中深入调查研究,不放过任何自然条件的有利因素,还是可以做到立意新颖的。在这一方面,天津水上公园东门被认为是较有新意的,原因即是在立意中重视了环境的因素,贯彻了园林建筑中"因境而成""得景随形"的原则。东门这一景点在设计上结合了不规则的地形,突破一般公园大门的布局手法,采用开敞的环形空花廊分隔园内外空间,取得了通透的效果。此外,把园内宽敞的湖水纳入园门塑造画面,更切合水上公园的立意。在此基础上,又把售票、候船、儿童火车站的交通联系等各种不同的功能要求,通过门内外的广场有机地组织起来,达到了空间更加富于变化的目的。在捕捉景源上,还将园中三岛制高点——眺园亭作为借景的对象,使画面更为生动(图11-9)。与天津水上公园东门相似的还有湖南长沙岳麓山上的爱晚亭(图11-10)。

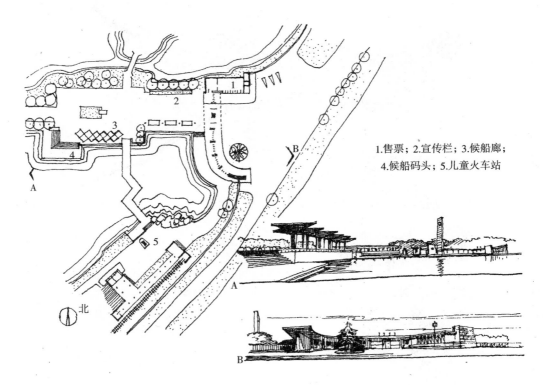

1.售票；2.宣传栏；3.候船廊；
4.候船码头；5.儿童火车站

图11-9　天津水上公园东门建筑群

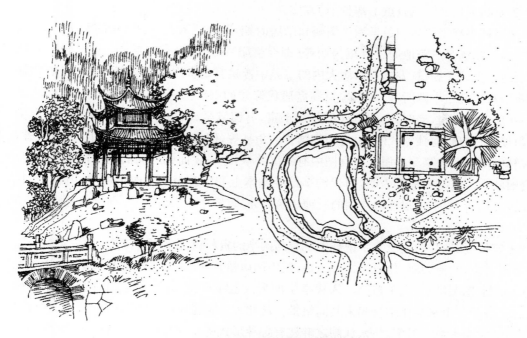

图 11-10　长沙岳麓山爱晚亭

第二节　园林建筑中的亭

"亭"是在中国园林中运用得最多的一种建筑形式。无论是在传统的古典园林中,或是在新中国成立后新建的公园及风景游览区,都可以看到各种各样的亭子。具体来说,亭具有以下特点。

(1)在造型上,亭子一般小而集中,有其相对独立而完整的建筑形象。亭的立面一般可划分为屋顶、柱身、台基三个部分。亭的柱身部分一般做得很空灵,屋顶形式变化丰富,台基随环境而异。

(2)亭子的结构与构造,虽繁简不一,但大多比较简单,施工上也比较方便。过去筑亭,通常以木构瓦顶为主,亭体不大,用料较少,建造方便;现在多用钢筋混凝土结构,也有用预制构件及竹、石等地方性材料的,也较经济便利。

(3)亭子在功能上,主要是为了满足人们在游赏活动的过程中驻足休息、纳凉避雨、纵目远望的需要,在使用功能上没有严格的要求。

中国传统的园林,建筑的分量比较大,其中亭子在建筑中占有相当的比重。虽然在诸如北京颐和园、北海建筑群、承德避暑山庄之类大型的皇家园林中,亭子并不占突出的地位,但在一些重要的观景点及风景点上却少不了它。

中国园林中亭子的运用最早始于南朝和隋唐时期,距今已有约 1 500 年的历史。据《大业杂记》载:"隋炀帝广辟地周二百里为西苑(即今洛阳)……其中有逍遥亭,八面合成,结构之丽,冠绝今古。"又据《长安志》载,唐大内的三苑中皆筑有观赏用的园亭,其中"禁苑在宫城之北,苑中宫亭凡二十四所"。从敦煌莫高窟唐代修建的洞窟壁画中,可以看到那个时代亭子的一些形象的史料,当时,亭的形式已相当丰富,有四方亭、六角亭、八角亭、圆亭,有攒尖顶、歇山顶、重檐顶,有独立式的,也有与廊结合的角亭等,但多为佛寺建筑,顶上有刹;此外,西安碑林中现存宋代摹刻的唐兴庆宫图中有一沉香亭,是一座面阔三间的重檐攒尖顶方亭,相当宏丽壮观。这些资料都表明,唐代的亭已经基本上和沿袭至明清时期的亭相同。唐代园林及游宴场所中,亭是很普遍使用的一种建筑,当时官僚士大夫的邸宅、衙署、别业中筑亭甚多。

到了宋代,从现存绘画及文字记载中所看到的亭的资料就更多了。宋史《地理志》记载,徽宗"叠石为山,凿池为海,作石梁以升山亭,筑山冈以植杏林"。著名的汴梁艮狱,利用景龙江水在平地上挖湖堆山,人工造园。宋代亭子的形式也很丰富,并开始运用对景、借景等设计手法,把亭子与山水绿化结合起来共同组景。从北宋王希孟所绘《千里江山图》中,还可以看到那时的江南水乡在村宅之旁、江湖之畔建有各种形式的亭、榭,且与自然环境非常协调。

明、清时期还在陵墓、庙宇、祠堂等处设亭。此外,还有路亭、井亭、碑亭等,现存实物很多。园林中的亭式在造型、形制、使用各方面都比之前有较大发展。今天在古典园林中看到的亭子,绝大部分是那一时期的遗物。《园冶》一书中,还辟有专门的篇幅论述亭子的形式、构造及选址等。

如图 11-11 所示为以平面形式划分的独立式亭,如图 11-12 所示为以平面形式划分的组合式亭。

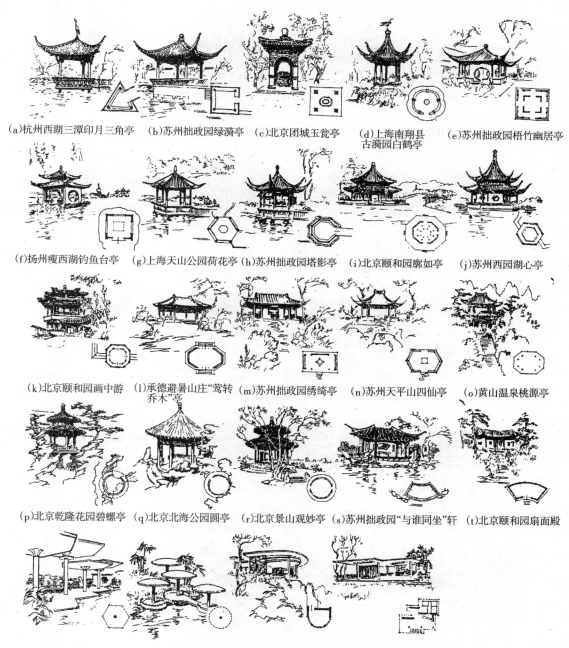

(a)杭州西湖三潭印月三角亭　(b)苏州拙政园绿漪亭　(c)北京团城玉瓮亭　(d)上海南翔县古漪园白鹤亭　(e)苏州拙政园梧竹幽居亭

(f)扬州瘦西湖钓鱼台亭　(g)上海天山公园荷花亭　(h)苏州拙政园塔影亭　(i)北京颐和园廊如亭　(j)苏州西园湖心亭

(k)北京颐和园画中游　(l)承德避暑山庄"莺转乔木"亭　(m)苏州拙政园绣绮亭　(n)苏州天平山四仙亭　(o)黄山温泉桃源亭

(p)北京乾隆花园碧螺亭　(q)北京北海公园圆亭　(r)北京景山观妙亭　(s)苏州拙政园"与谁同坐"轩　(t)北京颐和园扇面殿

(u)上海南丹公园伞亭　(v)桂林杉湖岛上蘑菇亭　(w)广州白云山晓望亭　(x)广州越秀山小卖亭

图 11-11　以平面形式划分的独立式亭

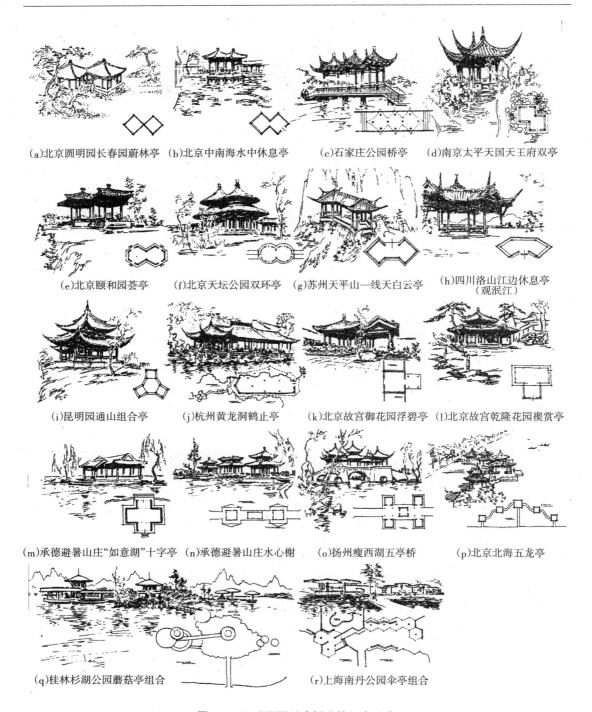

(a)北京圆明园长春园蔚林亭　(b)北京中南海水中休息亭　(c)石家庄公园桥亭　(d)南京太平天国天王府双亭

(e)北京颐和园荟亭　(f)北京天坛公园双环亭　(g)苏州天平山一线天白云亭　(h)四川洛山江边休息亭（观泯江）

(i)昆明园通山组合亭　(j)杭州黄龙洞鹤止亭　(k)北京故宫御花园浮碧亭　(l)北京故宫乾隆花园禊赏亭

(m)承德避暑山庄"如意湖"十字亭　(n)承德避暑山庄水心榭　(o)扬州瘦西湖五亭桥　(p)北京北海五龙亭

(q)桂林杉湖公园蘑菇亭组合　(r)上海南丹公园伞亭组合

图 11-12　以平面形式划分的组合式亭

第十二章　园林建筑识读图例

　　本章收录三十一幅图例(图 12-1 至图 12-31),以帮助读者了解如何简单、直观地识读园林建筑。同时还收录了北京市某住宅小区绿化环境设计施工图供读者识读。

一、清式攒尖顶亭的结构

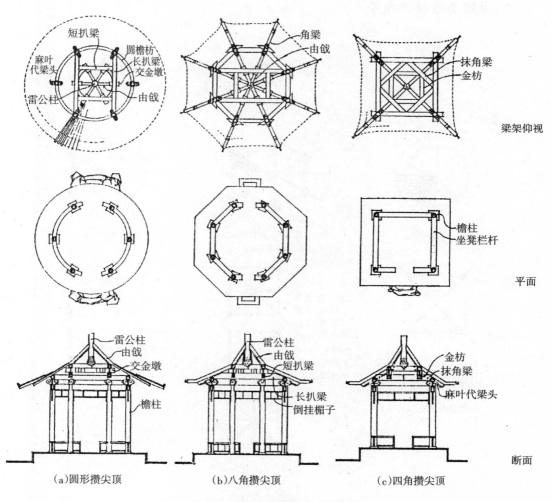

(a)圆形攒尖顶　　　(b)八角攒尖顶　　　(c)四角攒尖顶

图 12-1　清式攒尖顶亭的结构做法

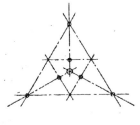

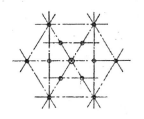

梁架轴线示意

(d)三角攒尖顶略图　　　　　　　　　(e)六角攒尖顶略图

图 12-1　清式攒尖顶亭的结构做法(续)

二、中国南方攒尖顶亭

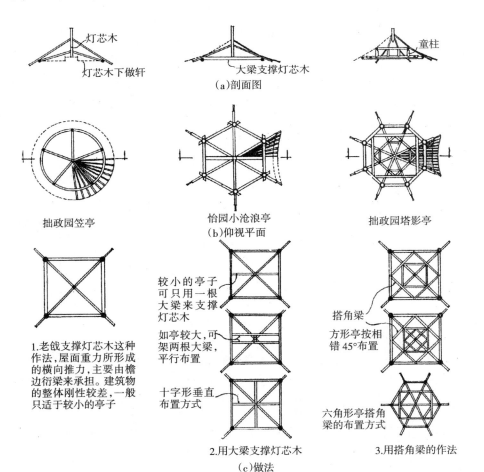

图 12-2　南方攒尖顶亭做法

三、廊如亭与十七孔桥、南湖岛之间的构图

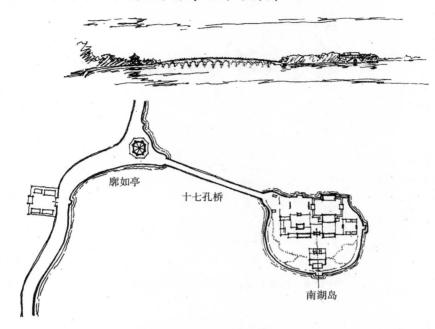

图 12-3　廊如亭与十七孔桥、南湖岛之间的构图关系

四、桂林七星岩洞口的亭与廊

图 12-4　桂林七星岩洞口休息亭、廊

五、桂林七星岩洞口休息亭、廊平面图

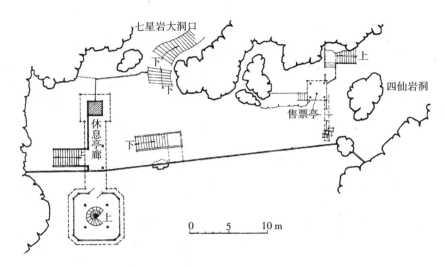

图 12-5 桂林七星岩洞口休息亭、廊平面

六、苏州天平山御碑亭

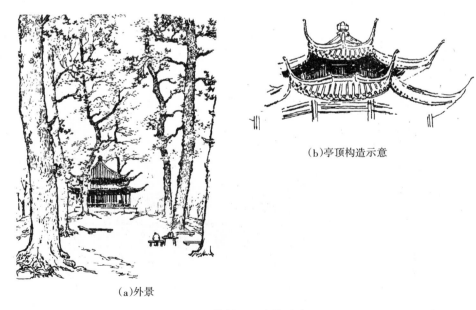

(a)外景

图 12-6 苏州天平山御碑亭

七、苏州天平山白云亭

图 12-7　苏州天平山白云亭

八、苏州天平山白云亭平面图

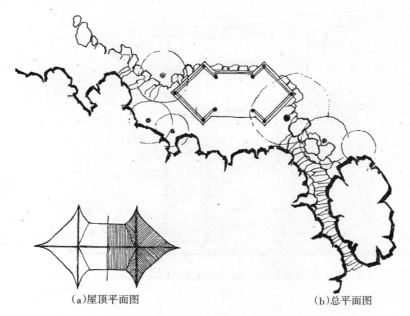

(a)屋顶平面图　　　　　　　　　(b)总平面图

图 12-8　白云亭平面

九、广州兰圃单位空廊的透视图和平面图

(a)透视图

水榭
茶室

观鱼池

水池

第一兰棚　敞廊　第二兰棚

北

城市干道

(b)平面图

图 12-9　广州兰圃单位空廊

十、北京颐和园长廊平面图

1.东宫门；2.仁寿殿；3.玉澜堂；4.乐寿堂；5.水木自亲；6.邀月门；7.留佳亭；8.对鸥舫；9.寄澜亭；10.排动门；11.秋月亭；12.山色湖光共一楼；13.鱼藻轩；14.清遥亭；15.石丈亭

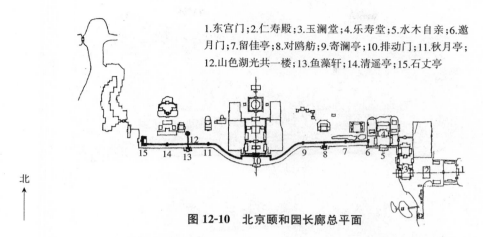

图 12-10　北京颐和园长廊总平面

十一、苏州留园折廊平面图

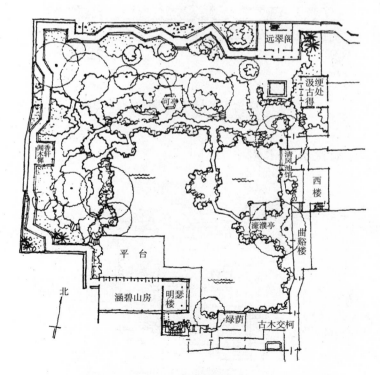

图 12-11　苏州留园折廊

113

十二、无锡锡惠公园"垂虹"爬山游廊的正立面和平面图

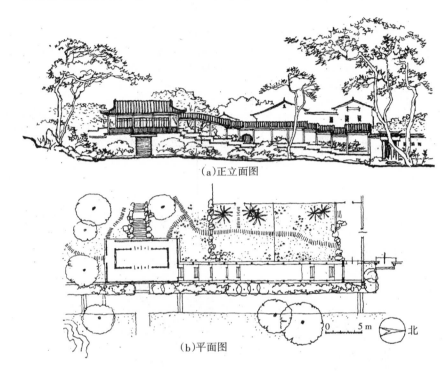

(a)正立面图

(b)平面图

图 12-12　无锡锡惠公园"垂虹"爬山游廊

十三、北京紫竹院公园水榭平面图

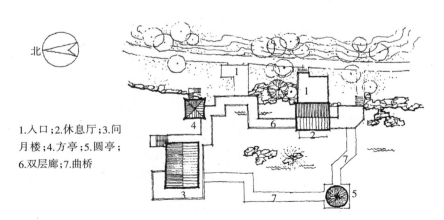

1.入口；2.休息厅；3.问月楼；4.方亭；5.圆亭；6.双层廊；7.曲桥

图 12-13　北京紫竹院公园水榭平面

十四、广州文化公园——园中院的横剖面和平面图

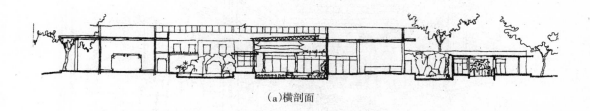

(a)横剖面

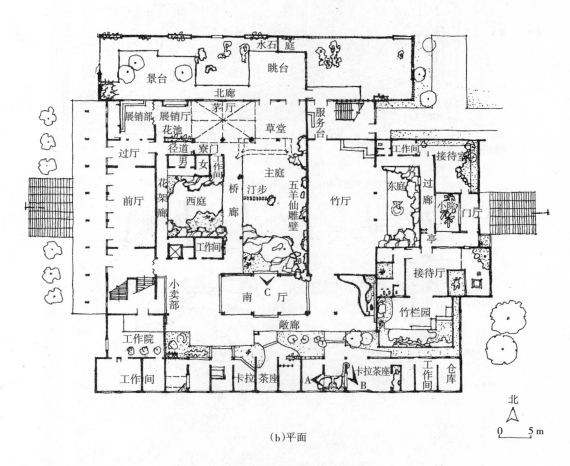

(b)平面

图 12-14　广州文化公园——园中院

十五、广州白天鹅宾馆的室内园林和平面图

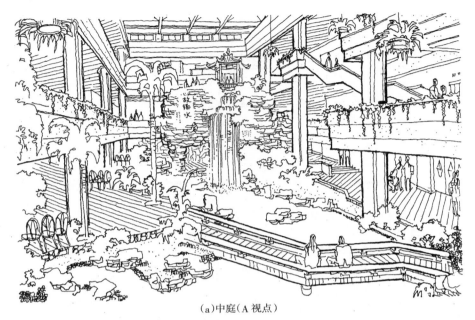

（a）中庭（A视点）

（本例图稿由华南工学院叶荣贵编绘）

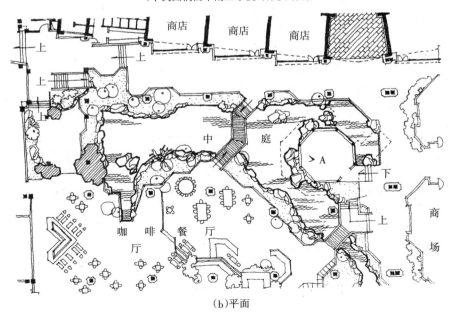

（b）平面

图12-15　广州白天鹅宾馆室内园林

十六、广州白云宾馆中庭及其平面图

（a）中庭（1）

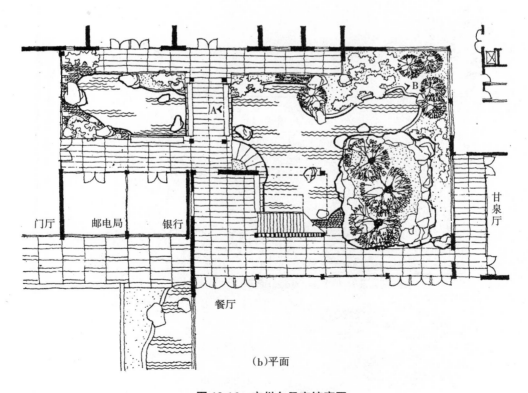

（b）平面

图 12-16　广州白云宾馆庭园

(c)中庭(2)

(d)甘泉厅小院

图 12-16　广州白云宾馆庭园(续)

十七、承德避暑山庄烟雨楼的立面和平面图

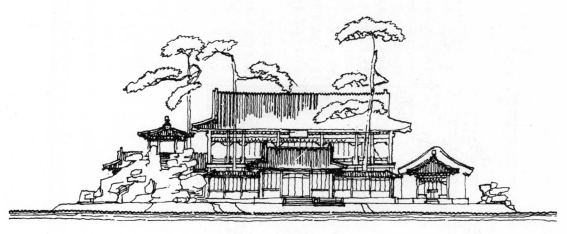

(a)立面

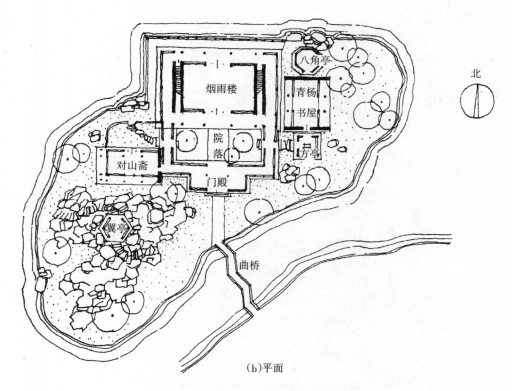

(b)平面

图 12-17　避暑山庄烟雨楼

十八、北京圆明园的总平面图

1.正大光明；2.九洲清宴；3.楼月开云；4.天然图画；5.碧桐书院；6.慈云普护；7.上下天光；8.杏花春馆；9.坦坦荡荡；10.茹古函今；11.长寿仙馆；12.藻园；13.万方安和；14.山高水长；15.月地云雾；16.鸿慈永祐；17.紫碧山房；18.汇芳书院；19.断桥残雪；20.日天琳宇；21.渔溪乐处；22.武陵春色；23.多稼乐处；24.文源阁；25.柳浪闻莺；26.水木明瑟；27.映水兰香；28.濂泊宁静；29.兰亭；30.坐石临流；31.天宇卖街；32.舍利城；33.同乐园；34.曲院风荷；35.九孔桥；36.勤政亲贤；37.前垂天下；38.洞天深处；39.西峰秀色；40.鱼跃鸢飞；41.北近山村；42.若帆之阁；43.天宇空明；44.青旷斋；45.贵澜园；46.廊然大公；47.延真院；48.澡身；裕德；49.一碧万顷；50.夹镜鸣琴；51.广育宫；52.南屏晚钟；53.别有洞天；54.观鱼跃；55.楼月山房；56.涵虚朗鉴；57.方壶胜境；58.蕊珠宫；59.三覃印月；60.君子轩；61.平湖秋月

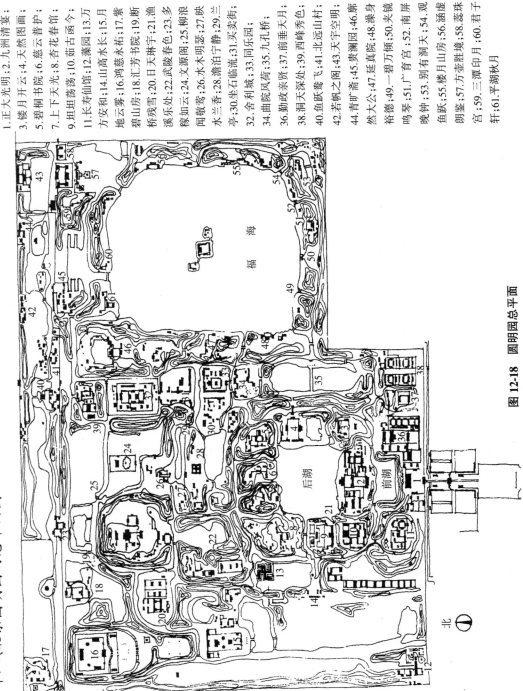

图12-18　圆明园总平面

十九、苏州拙政园北寺塔

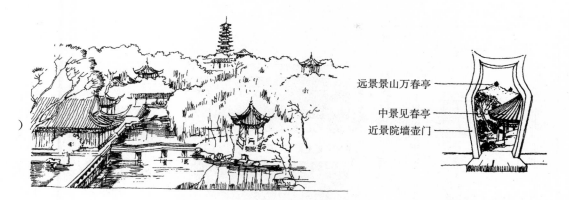

远景景山万春亭

中景见春亭

近景院墙壶门

图 12-19　拙政园远借园外北寺塔

二十、北京北海琼岛春阴建筑群

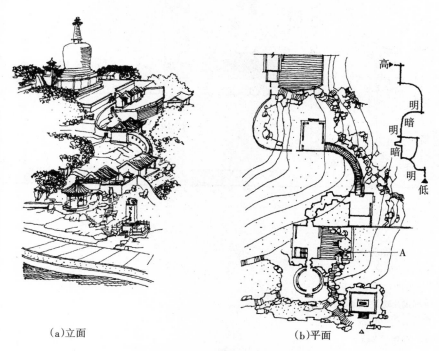

（a）立面　　　　　　　　（b）平面

图 12-20　北京北海琼岛春阴建筑群

二十一、18班中学环境设计

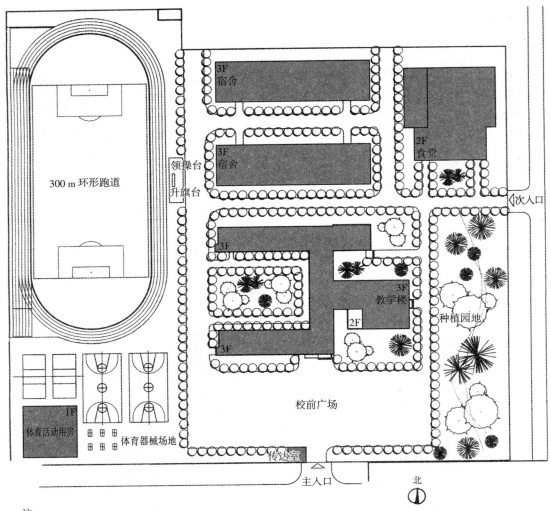

注:
学校规模:18班,900名学生
总用地面积:35 059 m²
总建筑面积:14 097 m²
教学及教学辅助用房建筑面积:5 529 m²
办公用房建筑面积:745 m²
生活用房建筑面积:7 823 m²

图12-21　18班中学环境设计平面图

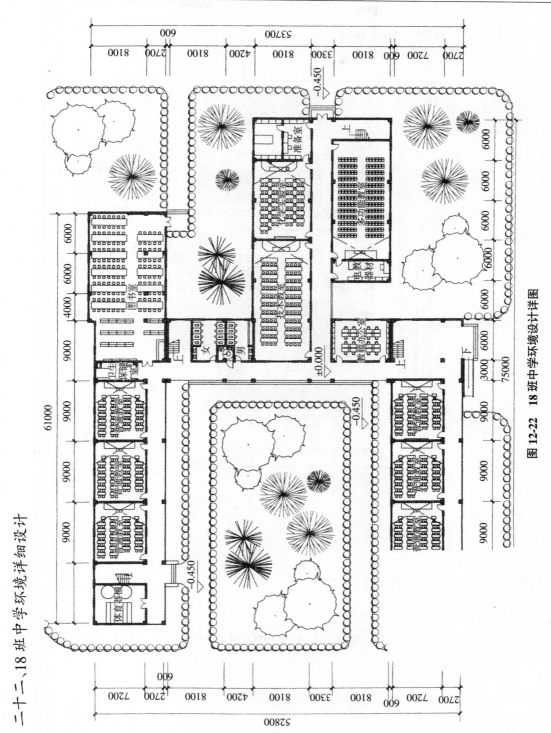

图12-22 18班中学环境设计详图

二十二、18班中学环境详细设计

二十三、12 班中学环境设计

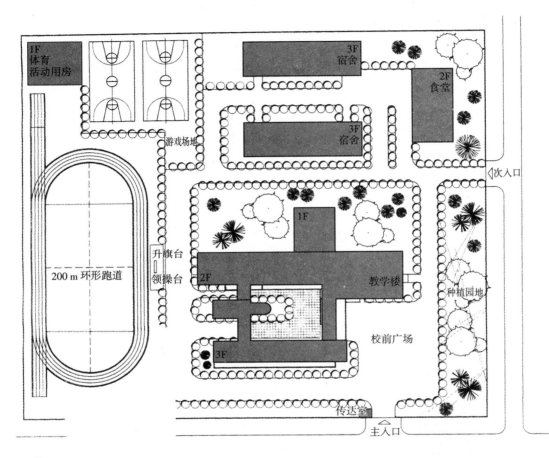

图 12-23　12 班中学环境设计图

注：
学校规模：12 班，540 名学生
总用地面积：21 292 m²
总建筑面积：7 752 m²
教学及教学辅助用房建筑面积：3 029 m²
办公用房建筑面积：338 m²
生活用房建筑面积：4 385 m²

二十四、跌水池做法

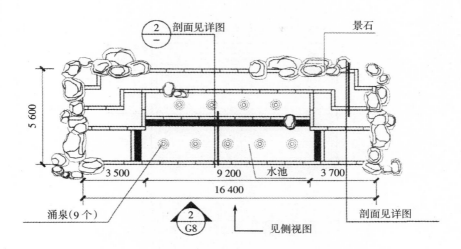

（a）特色跌水池平面图

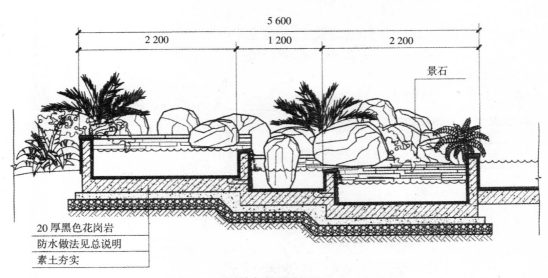

（b）跌水池局部剖面图

图 12-24 跌水池做法图

二十五、游船码头做法

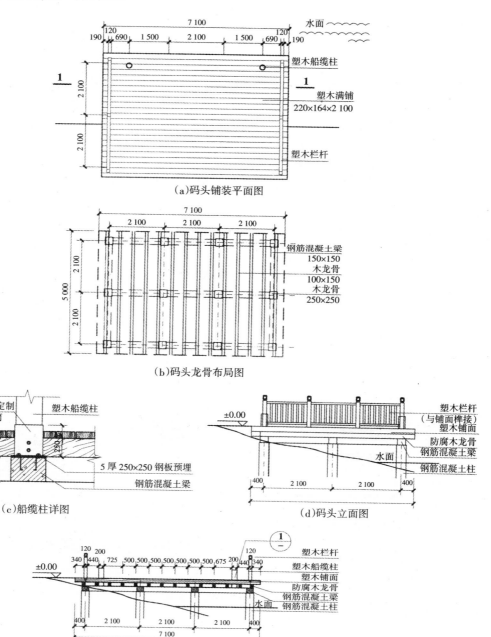

（a）码头铺装平面图

（b）码头龙骨布局图

（c）船缆柱详图

（d）码头立面图

（e）码头1—1剖面图

图 12-25　游船码头做法图

二十六、亲水平台做法

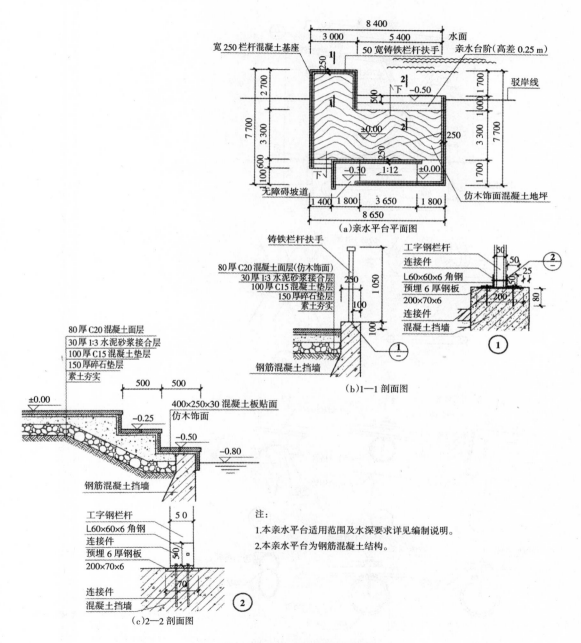

图 12-26　亲水平台做法图

二十七、自行车棚做法

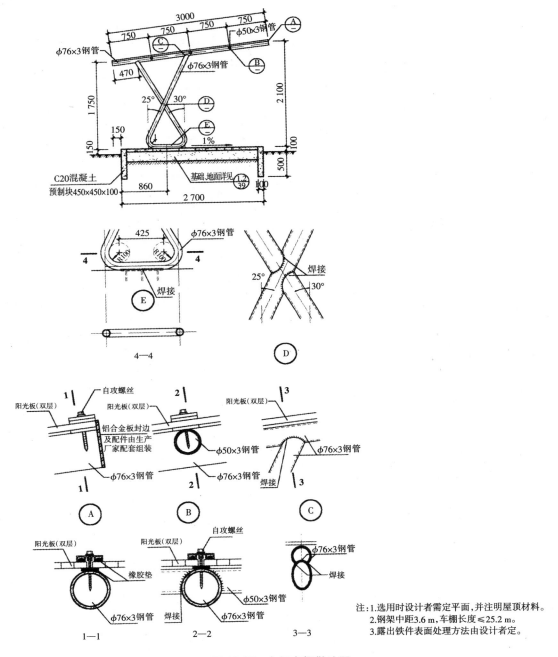

图 12-27 自行车棚做法图

二十八、围栏做法

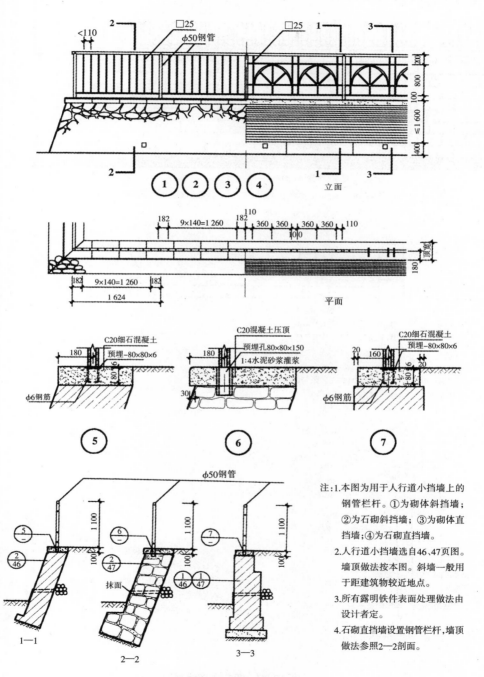

注：1.本图为用于人行道小挡墙上的钢管栏杆。①为砌体斜挡墙；②为石砌斜挡墙；③为砌体直挡墙；④为石砌直挡墙。

2.人行道小挡墙选自46、47页图。墙顶做法按本图。斜墙一般用于距建筑物较近地点。

3.所有露明铁件表面处理做法由设计者定。

4.石砌直挡墙设置钢管栏杆，墙顶做法参照2—2剖面。

图12-28　围栏做法图

二十九、园艺围墙做法

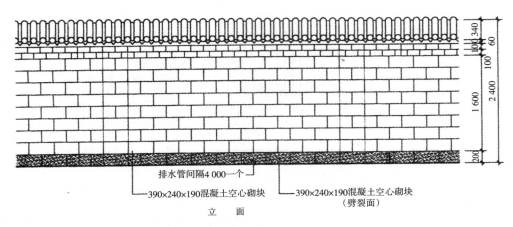

排水管间隔4 000一个

390×240×190混凝土空心砌块　　390×240×190混凝土空心砌块
（劈裂面）

立　面

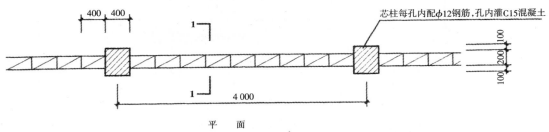

芯柱每孔内配φ12钢筋,孔内灌C15混凝土

平　面

注：1.围墙外面采用清水墙面,1:1水泥砂浆勾缝。

2.基础埋深应在冰冻线以下。

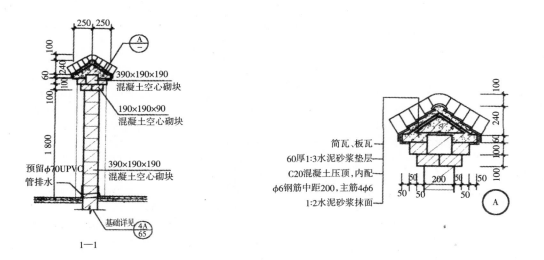

390×190×190
混凝土空心砌块

190×190×90
混凝土空心砌块

390×190×190
混凝土空心砌块

预留φ70UPVC
管排水

基础详见 4A/65

1—1

筒瓦、板瓦
60厚1:3水泥砂浆垫层
C20混凝土压顶,内配
φ6钢筋中距200,主筋4φ6
1:2水泥砂浆抹面

A

图 12-29　园艺围墙做法图

130

三十、门柱做法

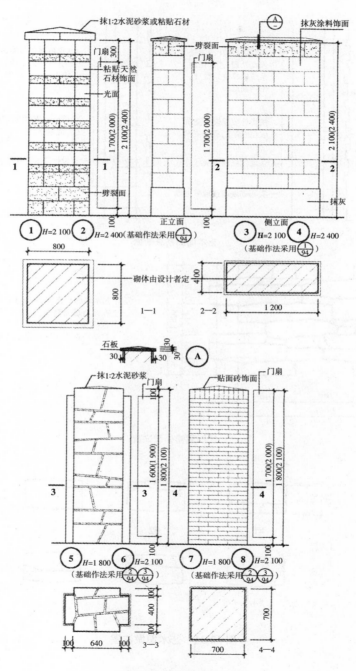

图 12-30 门柱做法图

三十一、艺术墙做法

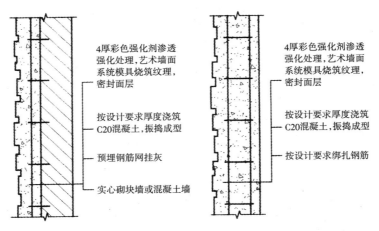

4厚彩色强化剂渗透强化处理,艺术墙面系统模具烧筑纹理,密封面层

按设计要求厚度浇筑C20混凝土,振捣成型

预埋钢筋网挂灰

实心砌块墙或混凝土墙

4厚彩色强化剂渗透强化处理,艺术墙面系统模具烧筑纹理,密封面层

按设计要求厚度浇筑C20混凝土,振捣成型

按设计要求绑扎钢筋

艺术墙面系统剖面

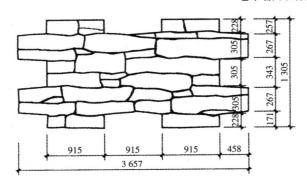

注:1.艺术墙面系统有8种颜色可供选择。
2.在原有墙面制作艺术墙面系统时,其纹理最薄处根据模具的不同而定。
3.拉结筋直径、间距根据艺术墙面厚度另定。

毛石质感外装饰面

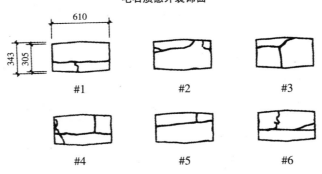

#1 #2 #3

#4 #5 #6

图 12-31 艺术墙做法图

三十二、北京市某住宅小区绿化环境设计施工图

序号	说明书或图纸名称	图号
1	双裕西区一期环境设计图纸目录	建施 1
2	围墙详图	建施 2
3	道路总平面图	建施 3
4	西区主干道平、剖面图　西区宅间道路平、剖面图	建施 4
5	宅间车行道路平、剖面图　宅间小路平、剖面图	建施 5
6	宅间车行道路平、剖面图　宅间小路平、剖面图	建施 6
7	总平面绿化图	建施 7a、7b
8	公寓楼绿化、铺地详图	建施 8
9	12 号楼绿化、铺地详图	建施 9
10	13 号楼绿化、铺地详图	建施 10
11	广场及景观水墙平剖面详图	建施 11
12	砂坑详图	建施 12
13	花架详图	建施 13
14	入口围墙、灯柱平面布置图	建施 14
15	雕塑池、集水坑、灯柱结构图	建施 15
16	铺地详图	建施 16
17	广场及景观水墙节点详图	建施 17
18	广场活动场平面布置及详图	建施 18
19	庭园照明平面布置图	电施 1
20	给水管线平面图	水施 1
21	雨水管线平面图	水施 2
22	广场、景观墙给排水管道图	水施 3

建施 1	图纸目录

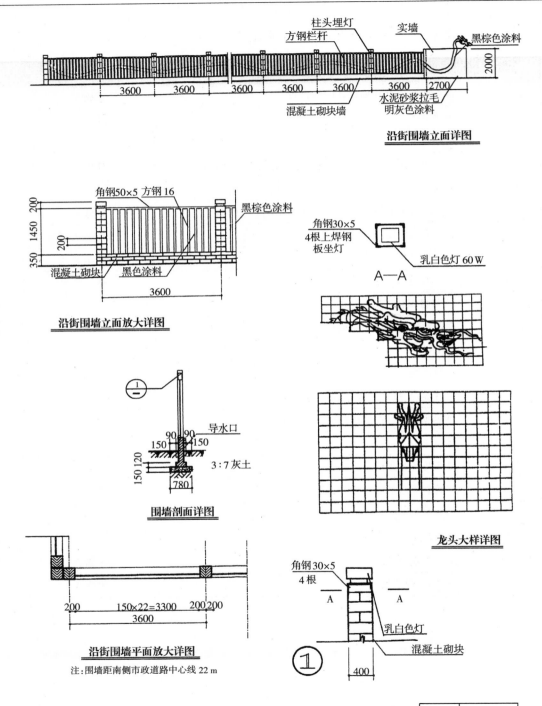

柱头埋灯
方钢栏杆
实墙
黑棕色涂料
2000
3600 3600 3600 3600 3600 3600 2700
混凝土砌块墙
水泥砂浆拉毛
明灰色涂料

沿街围墙立面详图

角钢50×5 方钢16
黑棕色涂料
200
1450
200
350
混凝土砌块
黑色涂料
3600

沿街围墙立面放大详图

角钢30×5
4根上焊钢
板坐灯
乳白色灯60W

A—A

导水口
90 90
150 150
150 120
3:7灰土
780

围墙剖面详图

龙头大样详图

200 150×22=3300 200 200
3600

沿街围墙平面放大详图

注:围墙距南侧市政道路中心线 22 m

角钢30×5
4根
A A
乳白色灯
混凝土砌块
①
400

建施2 围墙详图

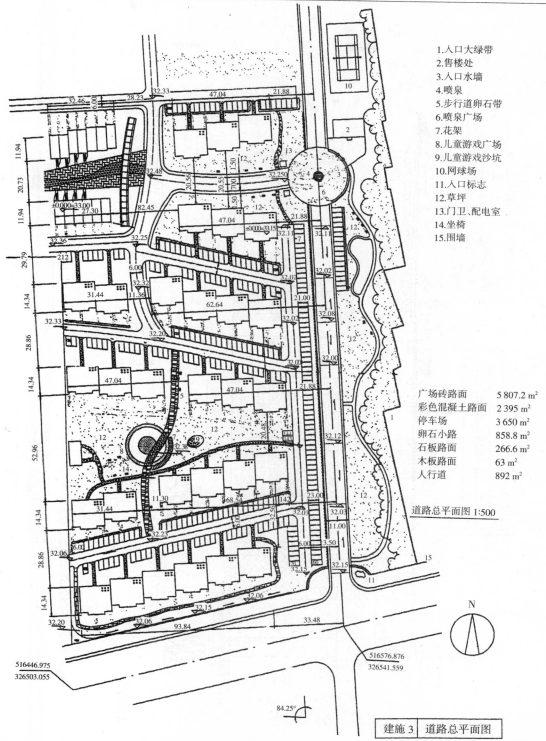

1. 入口大绿带
2. 售楼处
3. 入口水墙
4. 喷泉
5. 步行道卵石带
6. 喷泉广场
7. 花架
8. 儿童游戏广场
9. 儿童游戏沙坑
10. 网球场
11. 入口标志
12. 草坪
13. 门卫、配电室
14. 坐椅
15. 围墙

广场砖路面	5 807.2 m²
彩色混凝土路面	2 395 m²
停车场	3 650 m²
卵石小路	858.8 m²
石板路面	266.6 m²
木板路面	63 m²
人行道	892 m²

道路总平面图 1:500

建施3 道路总平面图

135

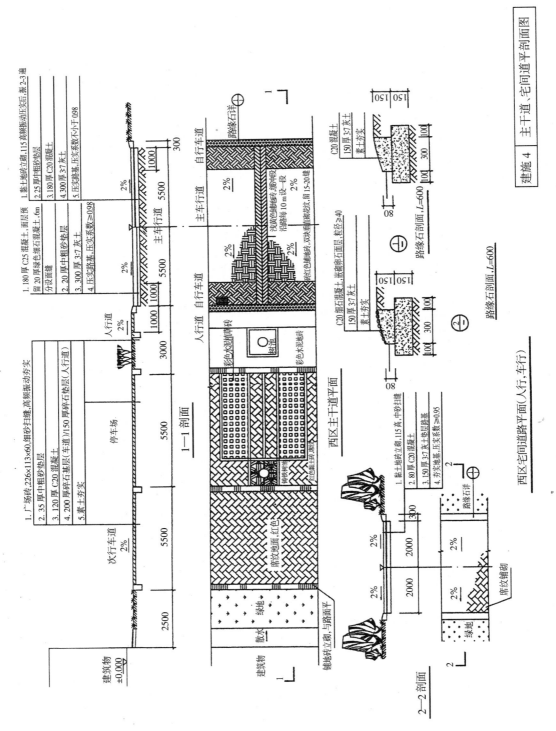

建施 4　主干道、宅间道平剖面图

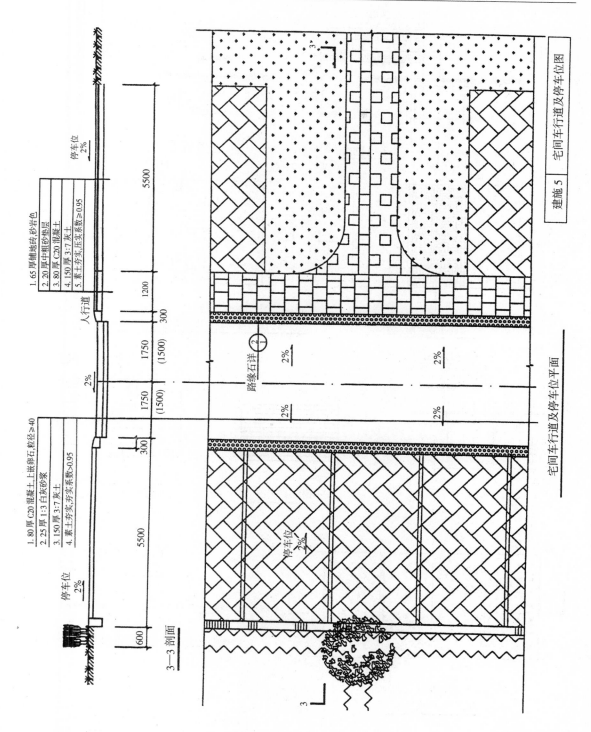

宅间车行道及停车位图

建施 5

宅间车行道及停车位平面

人行道

1.65 厚铺地砖砂岩色
2.20 厚中粗砂垫层
3.80 厚 C20 混凝土
4.150 厚 3:7 灰土
5.素土夯实,压实系数≥0.95

路缘石详 ②

停车位 2%

2%

2%

2%

2%

5500

1200

300

1750
(1500)

2%

1750
(1500)

300

1.80 厚 C20 混凝土上撒卵石,粒径≥40
2.25 厚 1:3 白灰砂浆
3.150 厚 3:7 灰土
4.素土夯实,夯实系数≥0.95

停车位 2%

5500

600

3—3 剖面

停车位 2%

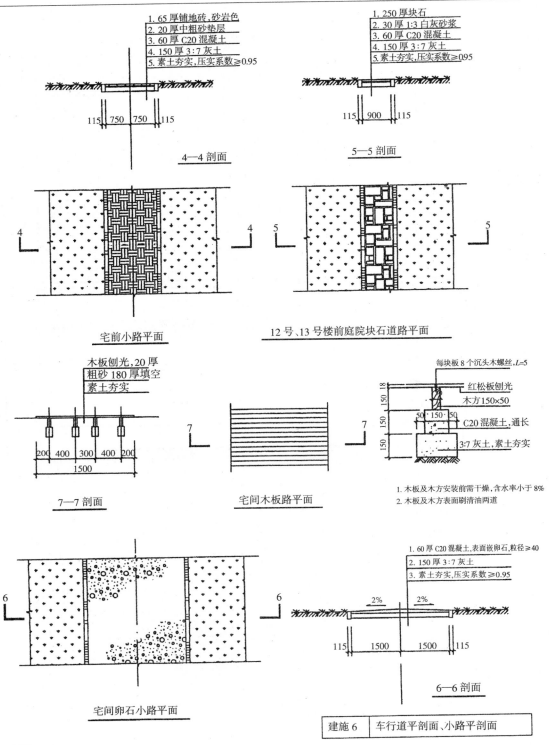

1. 65 厚铺地砖,砂岩色
2. 20 厚中粗砂垫层
3. 60 厚 C20 混凝土
4. 150 厚 3:7 灰土
5. 素土夯实,压实系数≥0.95

115 | 750 | 750 | 115

4—4 剖面

1. 250 厚块石
2. 30 厚 1:3 白灰砂浆
3. 60 厚 C20 混凝土
4. 150 厚 3:7 灰土
5. 素土夯实,压实系数≥0.95

115 | 900 | 115

5—5 剖面

宅前小路平面

12 号、13 号楼前庭院块石道路平面

木板刨光,20 厚
粗砂 180 厚填空
素土夯实

200 | 400 | 300 | 400 | 200
1500

7—7 剖面

宅间木板路平面

每块板 8 个沉头木螺丝,$L=5$

18 | 红松板刨光
150 | 木方 150×50
150 | 50 | 150 | 50 | C20 混凝土,通长
150 | 3:7 灰土,素土夯实

1. 木板及木方安装前需干燥,含水率小于 8%
2. 木板及木方表面刷清油两道

1. 60 厚 C20 混凝土,表面嵌卵石,粒径≥40
2. 150 厚 3:7 灰土
3. 素土夯实,压实系数≥0.95

2% | 2%

115 | 1500 | 1500 | 115

6—6 剖面

宅间卵石小路平面

| 建施 6 | 车行道平剖面、小路平剖面 |

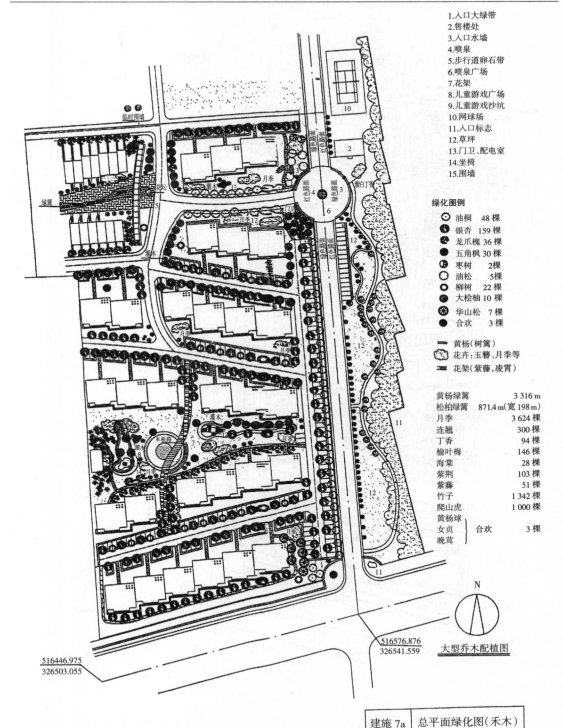

1.入口大绿带
2.售楼处
3.入口水墙
4.喷泉
5.步行道卵石带
6.喷泉广场
7.花架
8.儿童游戏广场
9.儿童游戏沙坑
10.网球场
11.入口标志
12.草坪
13.门卫、配电室
14.坐椅
15.围墙

绿化图例

油桐　　48棵
银杏　　159棵
龙爪槐 36棵
五角枫 30棵
枣树　　2棵
油松　　5棵
柳树　　22棵
大桧柚 10棵
华山松　7棵
合欢　　3棵

黄杨(树篱)
花卉:玉簪、月季等
花架(紫藤,凌霄)

黄杨绿篱　　　　　3 316 m
松柏绿篱　871.4 m(宽198 m)
月季　　　　　　　3 624棵
连翘　　　　　　　300棵
丁香　　　　　　　94棵
榆叶梅　　　　　　146棵
海棠　　　　　　　28棵
紫荆　　　　　　　103棵
紫藤　　　　　　　51棵
竹子　　　　　　　1 342棵
爬山虎　　　　　　1 000棵
黄杨球
女贞　　　合欢　　3棵
晚荨

N

516576.876
326541.559

516446.975
326503.055

大型乔木配植图

| 建施7a | 总平面绿化图(禾木) |

139

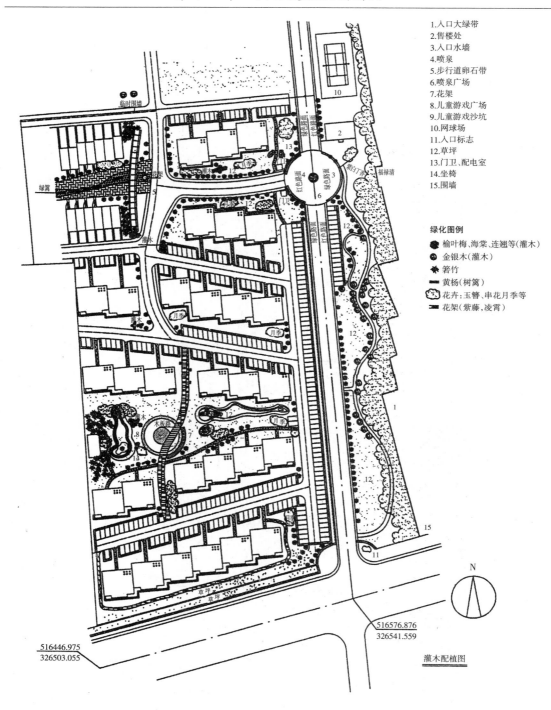

1.入口大绿带
2.售楼处
3.入口水墙
4.喷泉
5.步行道卵石带
6.喷泉广场
7.花架
8.儿童游戏广场
9.儿童游戏沙坑
10.网球场
11.入口标志
12.草坪
13.门卫、配电室
14.坐椅
15.围墙

绿化图例

- 榆叶梅、海棠、连翘等(灌木)
- 金银木(灌木)
- 箬竹
- 黄杨(树篱)
- 花卉:玉簪、串花月季等
- 花架(紫藤、凌霄)

516576.876
326541.559

516446.975
326503.055

灌木配植图

建施7b | 总平面绿化图(灌木)

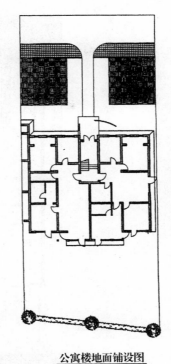

图例

⬚ 石片铺地地面

▦ 彩色水泥砖地面

■ 水泥砖地面

公寓楼地面铺设图

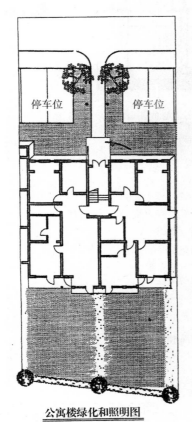

停车位　　停车位

图例

• 庭院立柱灯

• 入口壁灯

▮ 攀缘植物架

▨ 耐寒草地

▦ 常绿灌木(高 800 mm)

▨ 竹

公寓楼绿化和照明图

建施 8	公寓楼绿化铺地详图

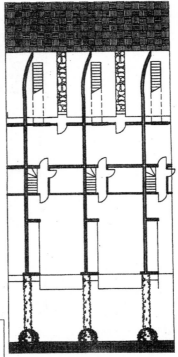

图例

■ 白色卵石散水

▒ 石片铺地地面

▦ 彩色水泥砖地面

■ 水泥砖地面

12 号楼地面铺设图

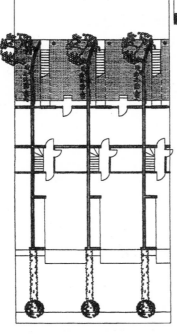

图例

● 庭院立柱灯

• 入口壁灯

┃ 攀缘植物架

▒ 耐寒草地

▣ 常绿灌木(高 800 mm)

▤ 竹

12 号楼绿化和照明图

建施 9	住宅楼绿化铺地详图

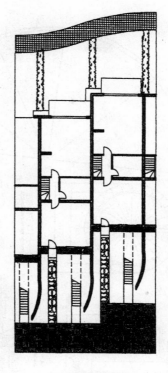

图例

▦ 白色卵石散水

▦ 石片铺地地面

▦ 彩色水泥砖地面

▦ 水泥砖地面

13 号楼地面铺设图

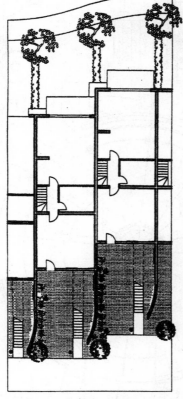

图例

● 庭院立柱灯

▮ 入口壁灯

∥ 攀缘植物架

▦ 耐寒草地

▦ 常绿灌木(高 800 mm)

▦ 竹

13 号楼绿化和照明图

建施 10	住宅楼绿化铺地详图

143

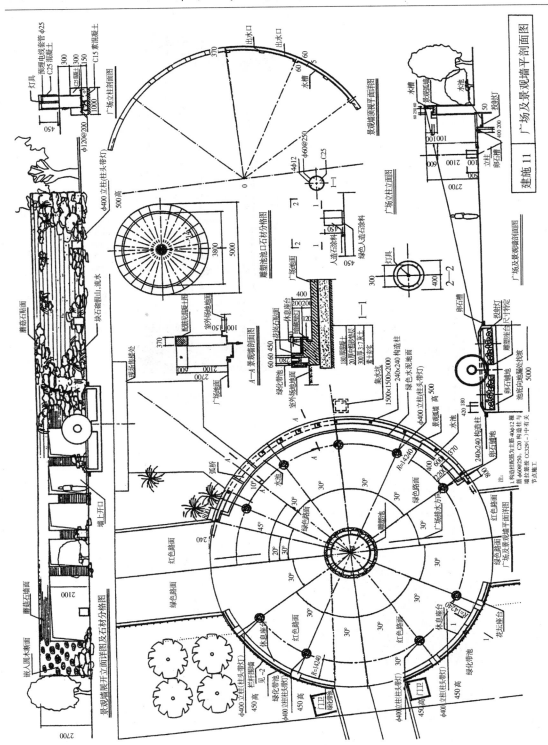

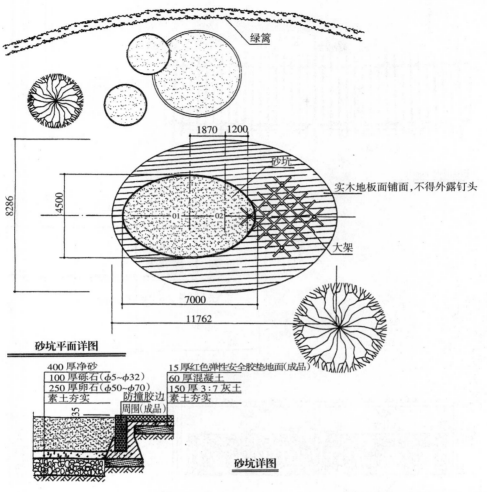

绿篱

1870　1200

8286

4500

01　02

砂坑

实木地板面铺面,不得外露钉头

大架

7000

11762

砂坑平面详图

400 厚净砂
100 厚砾石(ϕ5~ϕ32)
250 厚卵石(ϕ50~ϕ70)
素土夯实

15 厚红色弹性安全胶垫地面(成品)
60 厚混凝土
150 厚 3:7 灰土
素土夯实

防撞胶边
周围(成品)

35

砂坑详图

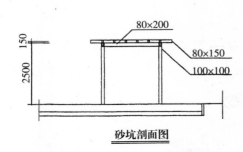

150

2500

80×200

80×150

100×100

砂坑剖面图

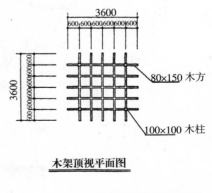

3600

600 600 600 600 600 600

3600

600 600 600 600 600 600

80×150 木方

100×100 木柱

木架顶视平面图

建施 12	砂坑详图

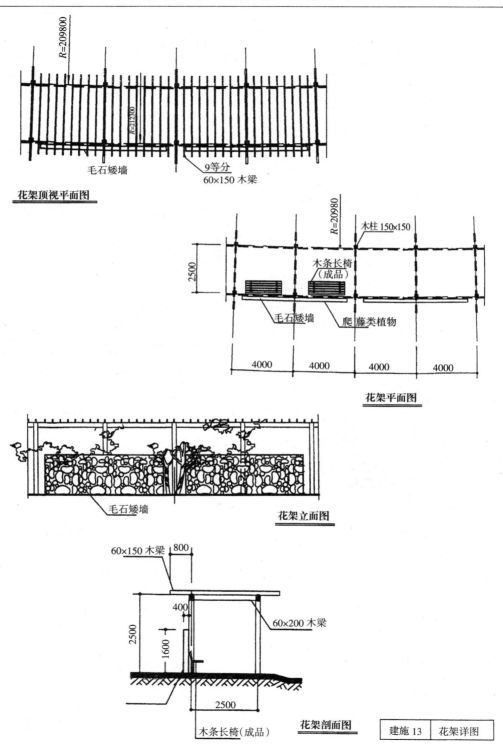

花架顶视平面图

R=209800

R=212300

毛石矮墙

9等分
60×150 木梁

花架平面图

R=20980

木柱 150×150

2500

木条长椅
（成品）

毛石矮墙

爬 藤类植物

4000 4000 4000 4000

花架立面图

毛石矮墙

花架剖面图

60×150 木梁 800

400

2500

1600

60×200 木梁

2500

木条长椅(成品)

| 建施 13 | 花架详图 |

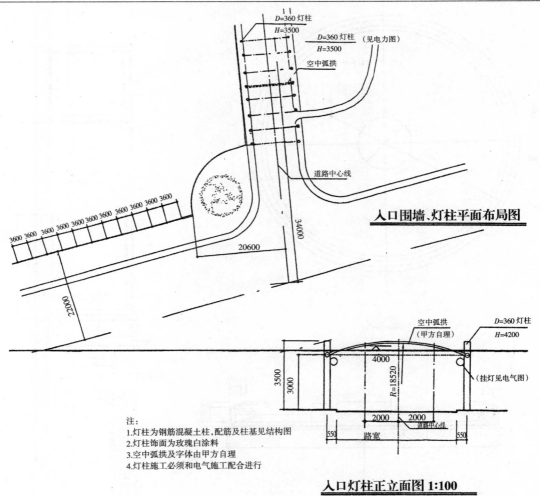

入口围墙、灯柱平面布局图

注：
1.灯柱为钢筋混凝土柱,配筋及柱基见结构图
2.灯柱饰面为玫瑰白涂料
3.空中弧拱及字体由甲方自理
4.灯柱施工必须和电气施工配合进行

入口灯柱正立面图 1:100

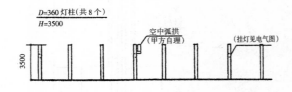

入口灯柱侧立面图 1:200

建施 14	入口围墙、灯柱平面图

147

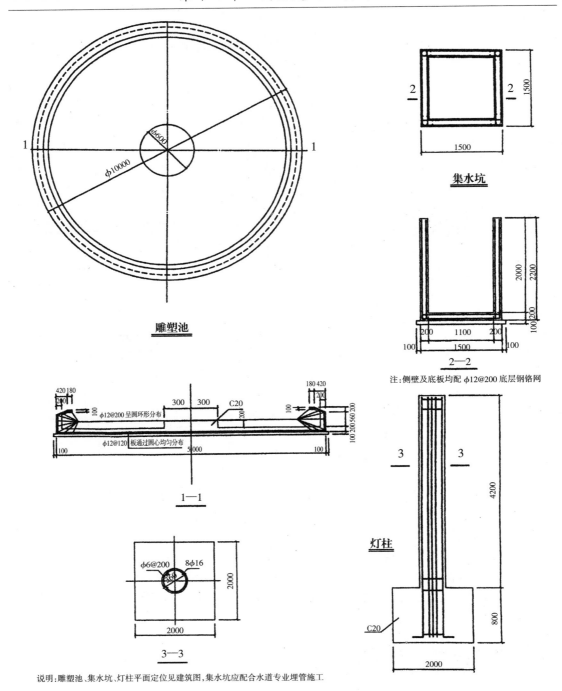

雕塑池

集水坑

ϕ500

ϕ10000

2 2

1500

1500

2—2

2000
2200
200
100

200　1100　200
100　1500　100

注:侧壁及底板均配 ϕ12@200 底层钢铬网

1—1

420 180
200
100
ϕ12@200 呈圆环形分布

300　300
C20
200

180 420
200
100
100 200 560 200

ϕ12@120 板通过圆心均匀分布
100　5000　100

3 3

4200

灯柱

C20

800

2000

ϕ6@200　8ϕ16

2000

2000

3—3

说明:雕塑池、集水坑、灯柱平面定位见建筑图,集水坑应配合水道专业埋管施工

| 建施15 | 雕塑池、集水坑、灯柱图 |

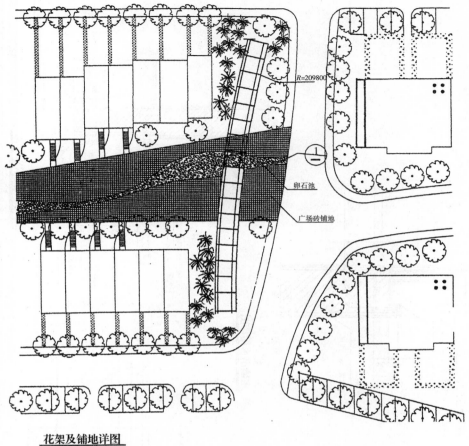

花架及铺地详图

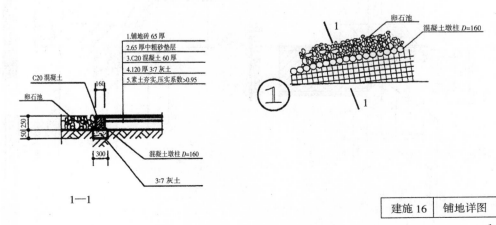

1. 铺地砖 65 厚
2. 65 厚中粗砂垫层
3. C20 混凝土 60 厚
4. 120 厚 3:7 灰土
5. 素土夯实,压实系数>0.95

C20 混凝土
卵石池
混凝土墩柱 D=160
3:7 灰土

1—1

卵石池
混凝土墩柱 D=160

| 建施 16 | 铺地详图 |

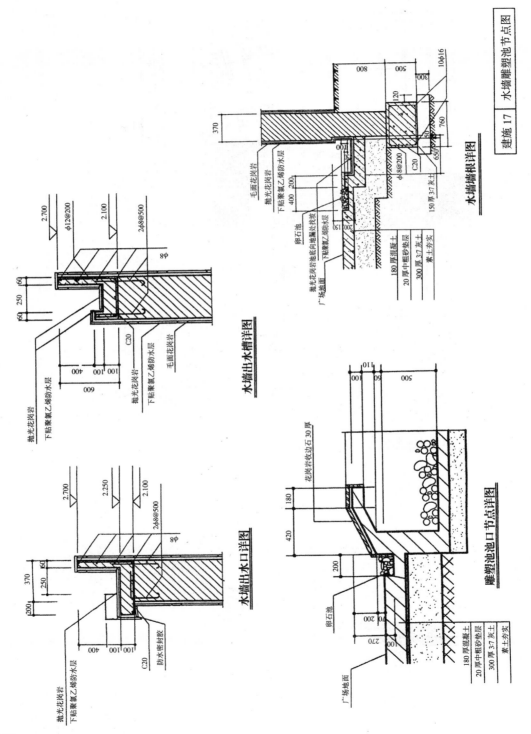

水墙出水槽详图

水墙出水口详图

水墙墙根详图

雕塑池池口节点详图

建施 17　水墙雕塑池节点图

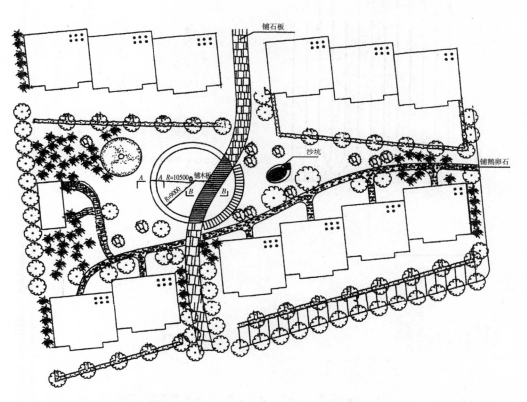

铺石板

沙坑

铺鹅卵石

A　R=10500　铺木板
R=9000　B　B₁
A

儿童活动场地平面布局详图

注：
沙坑及花架见–12和–13号图

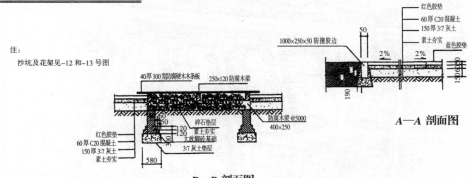

40厚300宽防腐硬木木条板　　250×120防腐木梁

碎石垫层
素土夯实
50　　防腐木梁 @5000
20　　400×250
20
红色胶垫　　　　　大放脚砖基础
60厚C20混凝土　　3:7灰土垫层
150厚3:7灰土
素土夯实
580

B—B 剖面图

红色胶垫
60厚C20混凝土
150厚3:7灰土
素土夯实
蓝色胶垫

1000×250×50 防撞胶边
50
2%　　2%

190

A—A 剖面图

| 建施 18 | 儿童活动场地布局详图 |

151

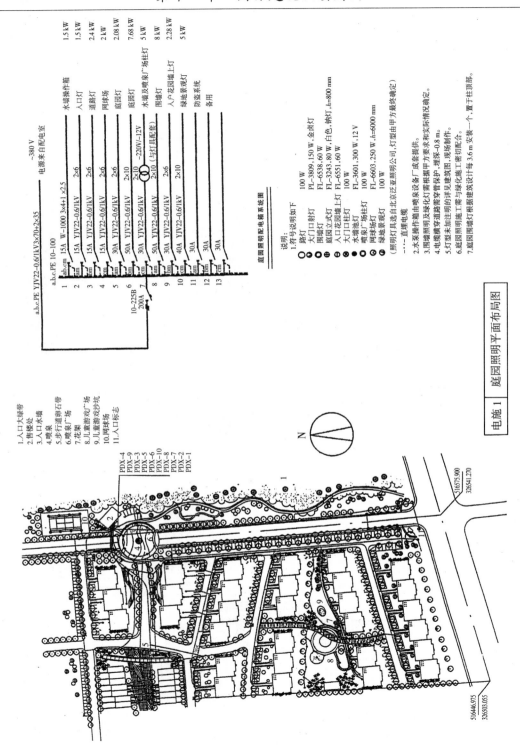

庭园照明配电箱系统图

说明：
1.符号说明如下

	路灯	100 W
	大门口射灯	PL-3809,150 W,金卤灯
	围墙灯	FL-6538,60 W
	庭园立灯	FL-3243,80 W,白色,钠灯,h=800 mm
	大门口花园墙上灯	FL-6551,60 W
	大门口柱灯	100 W
	水墙池灯	FL-3601,300 W,12 V
	喷泉广场柱灯	100 W
	网球场灯	FL-6603,250 W,h=6000 mm
	绿地景观灯	100 W

（照明灯具选自北京泛亚照明公司,灯型由甲方最终确定）

----直埋电缆

2.水泵操作箱由喷泉设备厂成套提供。
3.围墙照明及绿化灯需根据甲方要求和实际情况确定。
4.电缆横穿道路需穿管保护,埋深~0.8 m。
5.灯型未加注明的详见建筑施图,现场制作。
6.庭园照明施工需与绿化施工密切配合。
7.庭园照明灯根据建筑设计每3.6 m 安装一个,置于柱顶部。

庭园照明平面布局图 ｜ 电施 1

1.入口大绿带
2.背楼处
3.入口水墙
4.喷泉
5.步行道明石带
6.喷泉
7.花架
8.儿童游戏广场
9.儿童游戏沙坑
10.网球场
11.入口标志

PDX-4
PDX-9
PDX-3
PDX-5
PDX-10
PDX-8
PDX-7
PDX-2
PDX-1

N

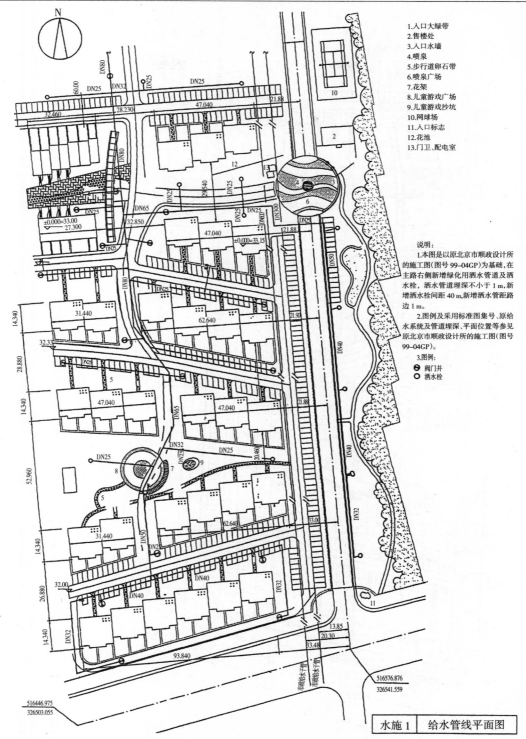

1.入口大绿带
2.售楼处
3.入口水墙
4.喷泉
5.步行道卵石带
6.喷泉广场
7.花架
8.儿童游戏广场
9.儿童游戏沙坑
10.网球场
11.入口标志
12.花池
13.门卫、配电室

说明:
　　1.本图是以原北京市顺政设计所的施工图(图号 99-04GP)为基础,在主路右侧新增绿化用洒水管道及洒水栓,洒水管道埋深不小于1 m,新增洒水栓间距 40 m,新增洒水管距路边 1 m。
　　2.图例及采用标准图集号、原给水系统及管道埋深、平面位置等参见原北京市顺政设计所的施工图(图号99-04GP)。
　　3.图例:
　　⊖阀门井
　　○洒水栓

水施1	给水管线平面图

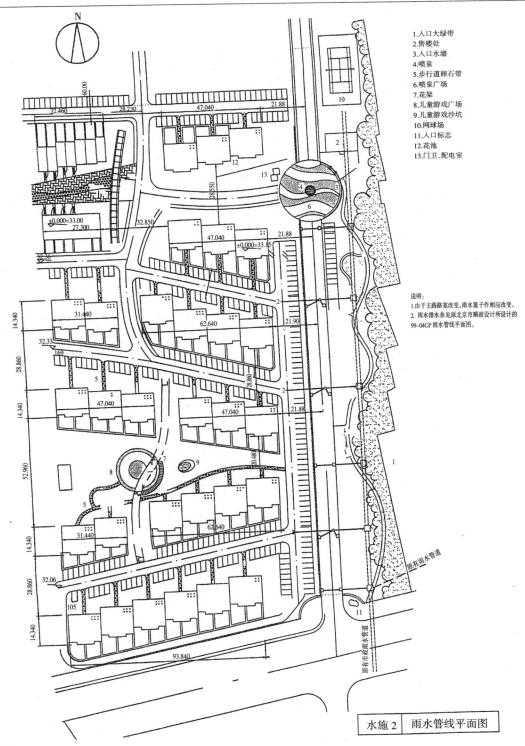

1.入口大绿带
2.售楼处
3.入口水墙
4.喷泉
5.步行道卵石带
6.喷泉广场
7.花架
8.儿童游戏广场
9.儿童游戏沙坑
10.网球场
11.入口标志
12.花池
13.门卫、配电室

说明:
1.由于主路路宽改变,雨水箅子作相应改变。
2. 雨水排水参见原北京市顺政设计所设计的99-04GP雨水管线平面图。

水施 2 ｜ 雨水管线平面图

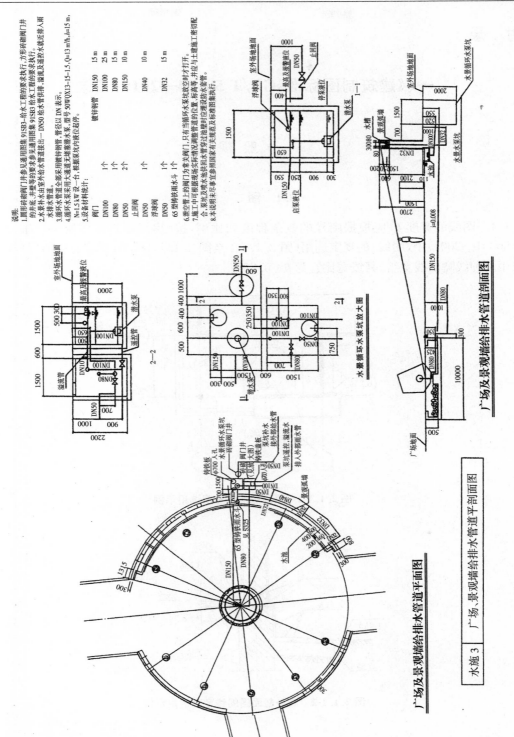

水施 3　广场、景观端给排水管道大图

附　录

一、《建筑制图标准》GB/T 50104—2010（节录）

2　一　般　规　定

2.1　图　　线

2.1.1　图线的宽度 b，应根据图样的复杂程度和比例，按《房屋建筑制图统一标准》（GB/T 50001—2001）中（图线）的规定选用（图 2.1.1-1 至图 2.1.1-3）。绘制较简单的图样时，可采用两种线宽的线宽组，其线宽比宜为 $b：0.25b$。

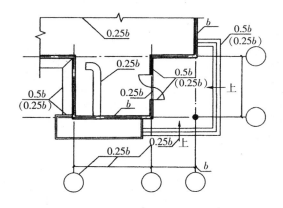

图 2.1.1-1　平面图图线宽度选用示例

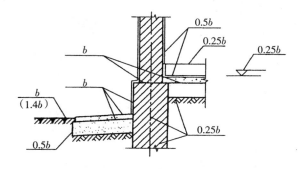

图 2.1.1-2　墙身剖面图图线宽度选用示例

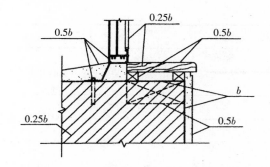

图 2.1.1-3　详图图线宽度选用示例

2.1.2　建筑专业、室内设计专业制图采用的各种图线,应符合表 2.1.1 的规定。

表 2.1.1　图　　线

名称	线　　型	线宽	用　　途
粗实线	———————	b	1. 平面图、剖面图中被剖切的主要建筑构造(包括构配件)的轮廓线 2. 建筑立面图或室内立面图的外轮廓线 3. 建筑构造详图中被剖切的主要部分轮廓线 4. 建筑构配件详图中的外轮廓线 5. 建筑平、立、剖面图的剖切符号
中实线	———————	$0.5b$	1. 平、剖面图中被剖切的次要建筑构造(包括构配件)轮廓线 2. 建筑平、立、剖面图中建筑构配件的轮廓线 3. 建筑构造详图及建筑构配件详图中的一般轮廓线
细实线	———————	$0.25b$	小于 $0.5b$ 的图形线、尺寸线、尺寸界线、图例线、索引符号、标高符号、详图材料做法引出线等
中虚线	— — — — —	$0.5b$	1. 建筑构造详图及建筑构配件不可见的轮廓线 2. 平面图中的起重机(吊车)轮廓线 3. 拟扩建的建筑物轮廓线
细虚线	— — — — —	$0.25b$	图例线、小于 $0.5b$ 的不可见轮廓线

名称	线　　型	线宽	用　　途
粗单点长划线		b	起重机(吊车)轨道线
细单点长划线		$0.25b$	中心线、对称线、定位轴线
折断线	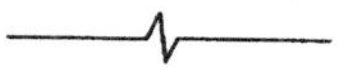	$0.25b$	不需画全的断开界线
波浪线		$0.25b$	不需画全的断开界线 构造层次的断开界线

注:地平线的线宽可用 $1.4b$

2.2　比　　例

2.2.1　建筑专业、室内设计专业制图选用的比例,宜符合表 2.2.1 的规定。

表 2.2.1　比　　例

图　名	比　例
建筑物或构筑物的平面图、立面图、剖面图	1:50、1:100、1:150、1:200、1:300
建筑物或构筑物的局部放大图	1:10、1:20、1:25、1:30、1:50
配件及构造详图	1:1、1:2、1:5、1:10、1:15、1:20、1:25、 1:30、1:50

3　图　　例

3.1　构造及配件

3.1.1　构造及配件图例应符合表 3.1.1 的规定。

表 3.1.1　构造及配件图例

序号	名　称	图　例	说　明
1	墙体		1.上图为外墙,下图为内墙 2.外墙细线表示有保温层或有幕墙 3.应加注文字或涂色、图案填充表示各种材料的墙体 4.在各层平面图中防火墙宜着重以特殊图案填充表示

序号	名　称	图　例	说　明
2	隔断		1.应加注文字或涂色、图案填充表示各种材料的轻质隔断 2.适于到顶与不到顶隔断
3	玻璃幕墙		幕墙龙骨是否表示由项目设计决定
4	栏杆		—
5	楼梯	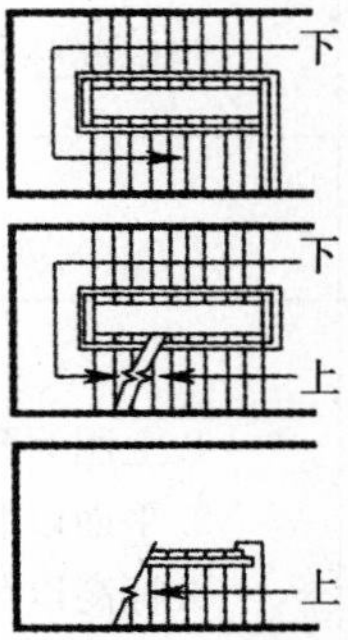	1.上图为顶层楼梯平面,中图为中间层楼梯平面,下图为底层楼梯平面 2.需设置靠墙扶手或中间扶手时,应在图中表示
6	坡道	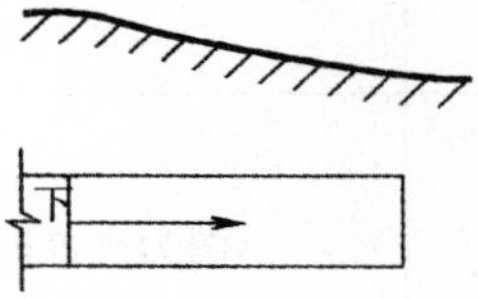	长坡道
		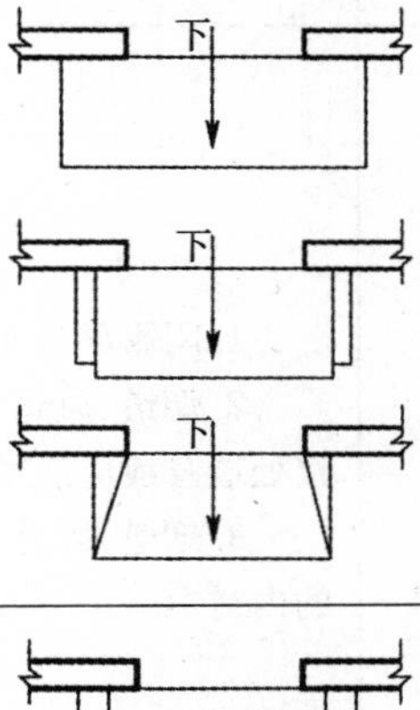	上图为两侧垂直的门口坡道,中图为有挡墙的门口坡道,下图为两侧找坡的门口坡道
7	台阶	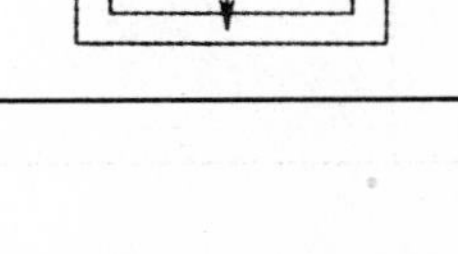	—

159

序号	名　称	图　例	说　明
8	平面高差	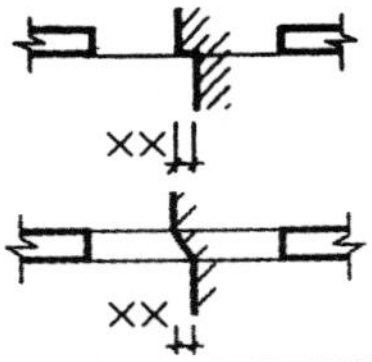	用于高差小的地面或楼面交接处,并应与门的开启方向协调
9	检查口		左图为可见检查口,右图为不可见检查口
10	孔洞		阴影部分可填充灰度或涂色代替
11	坑槽		—
12	墙预留洞、槽	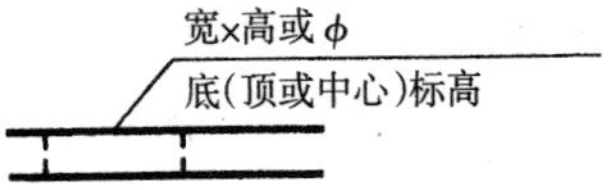 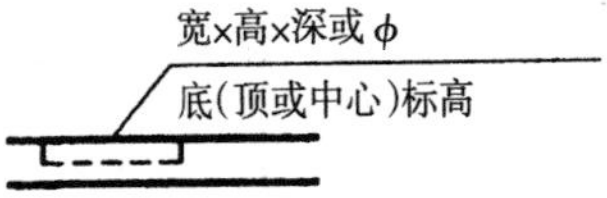 宽×高或φ 底(顶或中心)标高 宽×高×深或φ 底(顶或中心)标高	1.上图为预留洞,下图为预留槽 2.平面以洞(槽)中心定位 3.标高以洞(槽)底或中心定位 4.宜以涂色区别墙体和预留洞(槽)
13	地沟	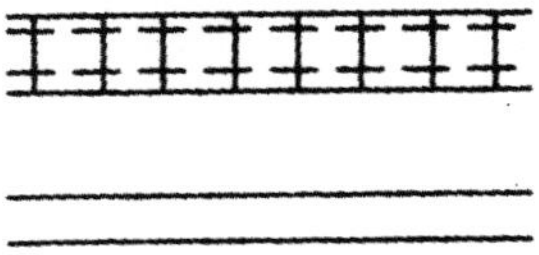	上图为有盖板地沟,下图为无盖板明沟
14	烟道	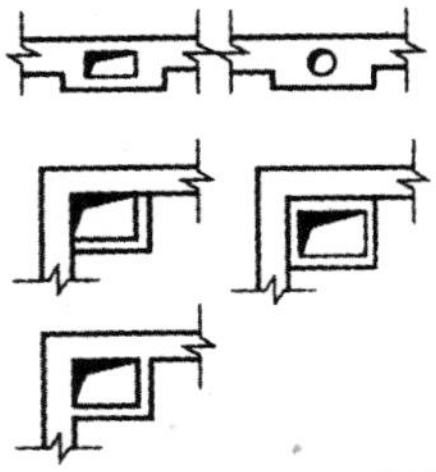	1.阴影部分亦可填充灰度或涂色代替 2.烟道、风道与墙体为相同材料,其相接处墙身线应连通 3.烟道、风道可根据需要增加不同材料的内衬
15	风道	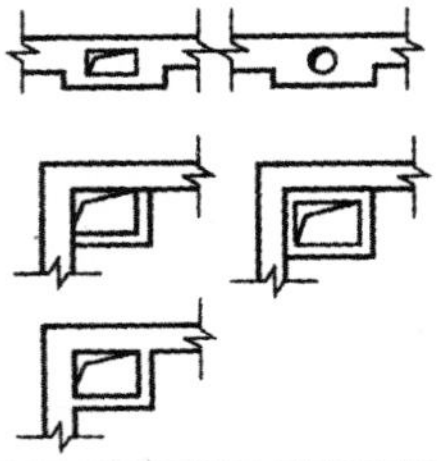	

序号	名　称	图　例	说　明
16	新建的墙和窗		1.本图以小型砌块为图例,绘图时应按所用材料的图例绘制。不宜以图例绘制的,可在墙面上以文字或代号注明 2.小比例绘图时,平面、剖面窗线可用单粗实线表示
17	改建时保留的原有墙和窗		只更换窗,应加粗窗的轮廓线
18	拆除的墙		—
19	改建时在原有墙或楼板新开的洞		—
20	在原有洞旁扩大的洞		图示为洞口向左边扩大
21	在原有墙或楼板上全部填塞的洞		全部填塞的洞 图示中立面填充灰度或涂色

序号	名　称	图　例	说　明
22	在原有墙或楼板上局部填塞的洞	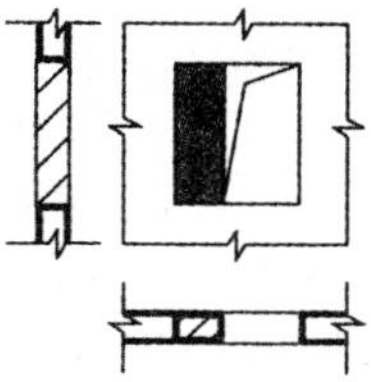	左侧为局部填塞的洞 图示中立面填充灰度或涂色
23	空门洞	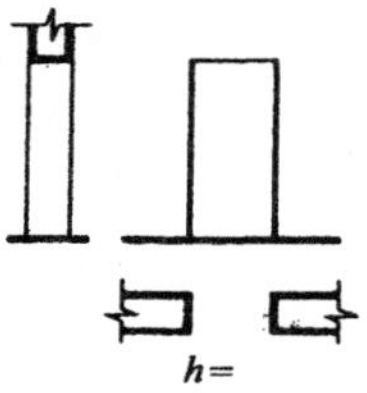	h 为门洞高度
24	单面开启单扇门（包括平开或单面弹簧）	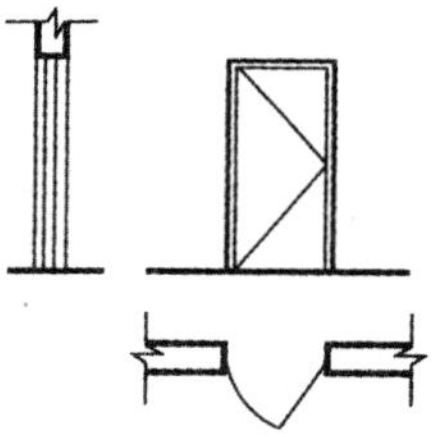	1.门的名称代号用 M 表示 2.平面图中,下为外,上为内,门开启线为 90°、60°或 45°,开启弧线宜绘出 3.立面图中,开启线实线为外开、虚线为内开;开启线交角的一侧为安装合页一侧;开启线在建筑立面图中可不表示,在立面大样图中可根据需要绘出 4.剖面图中,左为外,右为内 5.附加纱扇应以文字说明,在平面图、立面图、剖面图中均不表示 6.立面形式应按实际情况绘制
	双面开启单扇门（包括双面平开或双面弹簧）	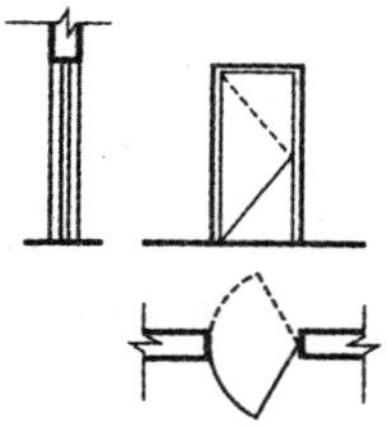	
	双层单扇平开门	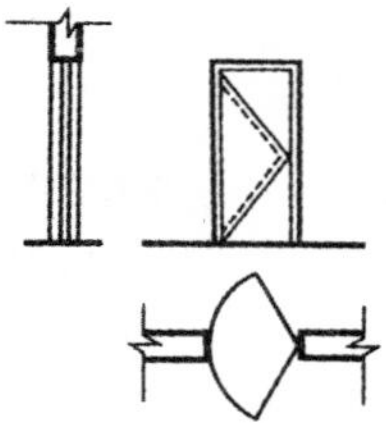	

序号	名　称	图　例	说　明
25	单面开启双扇门（包括平开或单面弹簧）	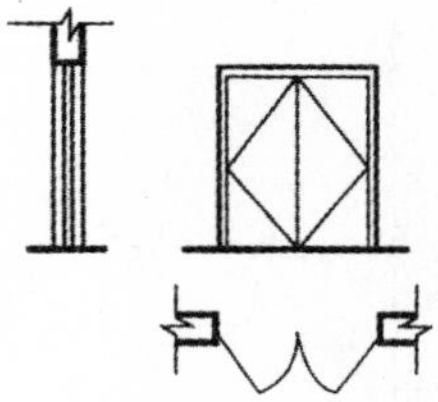	1. 门的名称代号用 M 表示 2. 平面图中，下为外、上为内，门开启线为 90°、60°或 45°，开启弧线宜绘出 3. 立面图中，开启线实线为外开、虚线为内开；开启线交角的一侧为安装合页一侧；开启线在建筑立面图中可不表示，在立面大样图中可根据需要绘出 4. 剖面图中，左为外、右为内 5. 附加纱扇应以文字说明，在平面图、立面图、剖面图中均不表示 6. 立面形式应按实际情况绘制
	双面开启双扇门（包括双面平开或双面弹簧）	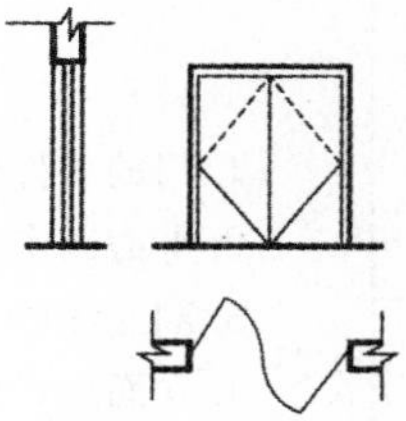	
	双层双扇平开门	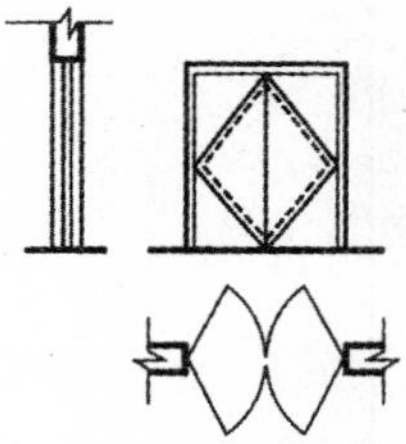	
26	折叠门	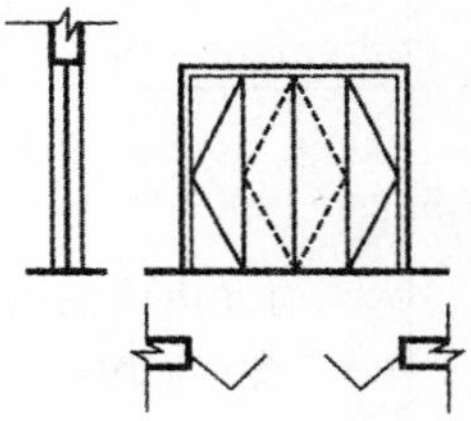	1. 门的名称代号用 M 表示 2. 平面图中，下为外、上为内 3. 立面图中，开启线实线为外开、虚线为内开；开启线交角的一侧为安装合页一侧 4. 剖面图中，左为外、右为内 5. 立面形式应按实际情况绘制
	推拉折叠门	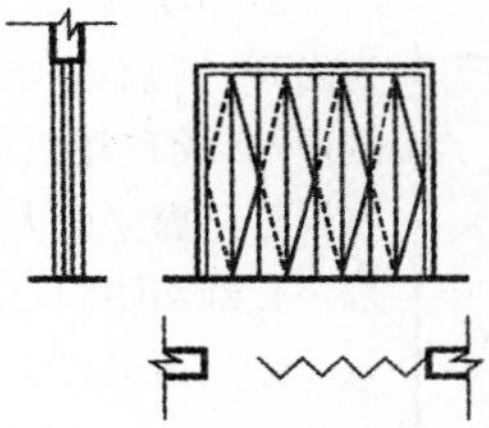	

序号	名　称	图　例	说　明
27	墙洞外单扇推拉门	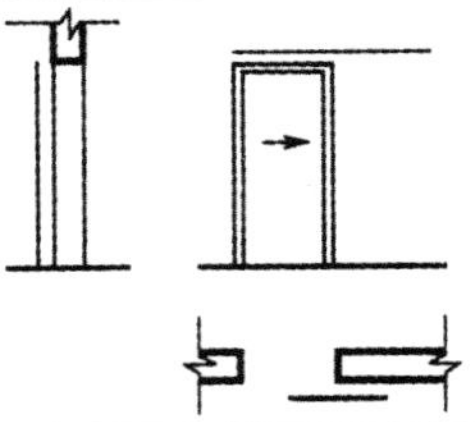	
	墙洞外双扇推拉门	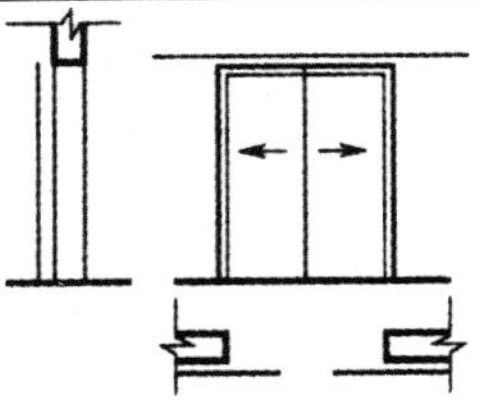	1.门的名称代号用 M 表示 2.平面图中,下为外、上为内 3.剖面图中,左为外、右为内 4.立面形式应按实际情况绘制
	墙中单扇推拉门	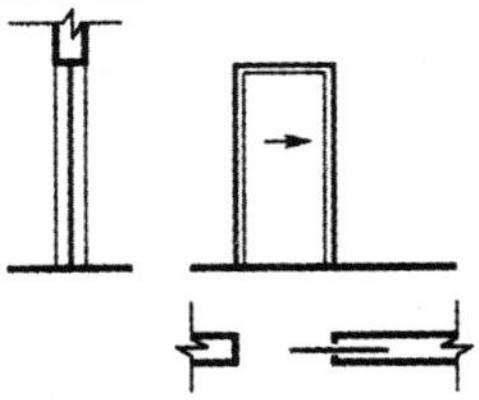	
	墙中双扇推拉门	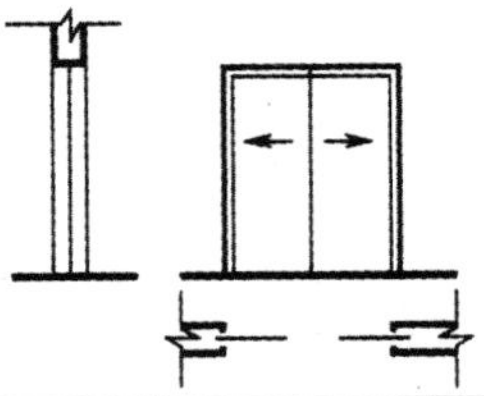	
28	推拉门	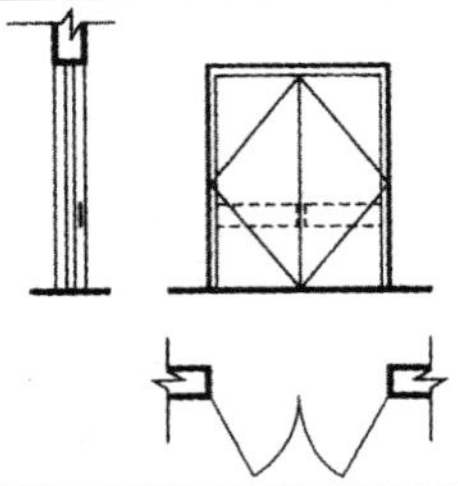	1.门的名称代号用 M 表示 　2.平面图中,下为外、上为内,门开启线为 90°、60°或 45° 　3.立面图中,开启线实线为外开、虚线为内开;开启线交角的一侧为安装合页一侧;开启线在建筑立面图中可不表示,在室内设计门窗立面大样图中需绘出 　4.剖面图中,左为外、右为内 　5.立面形式应按实际情况绘制
29	门连窗	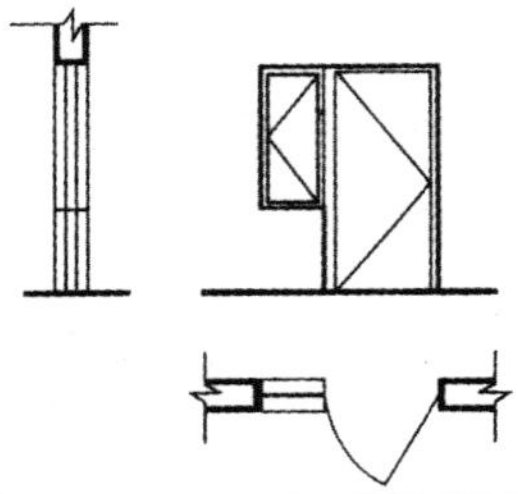	

续表

序号	名　称	图　例	说　明
30	旋转门	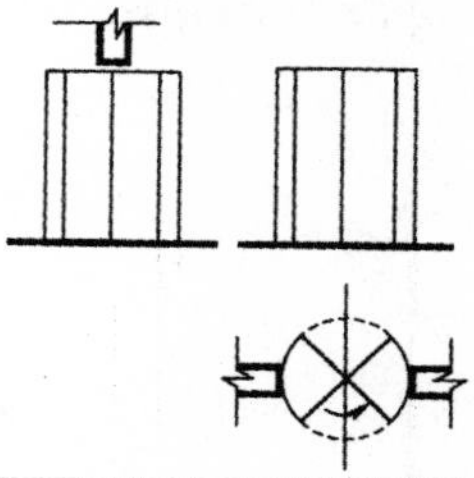	1.门的名称代号用 M 表示 2.立面形式应按实际情况绘制
	两翼智能旋转门	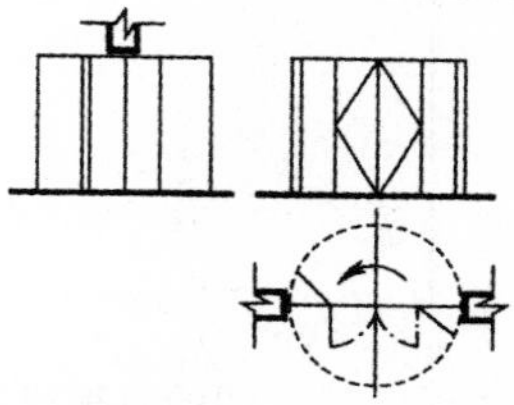	
31	自动门	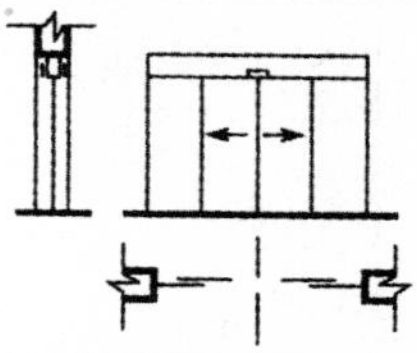	
32	折叠上翻门	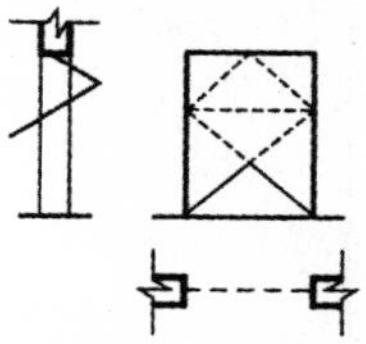	
33	提升门	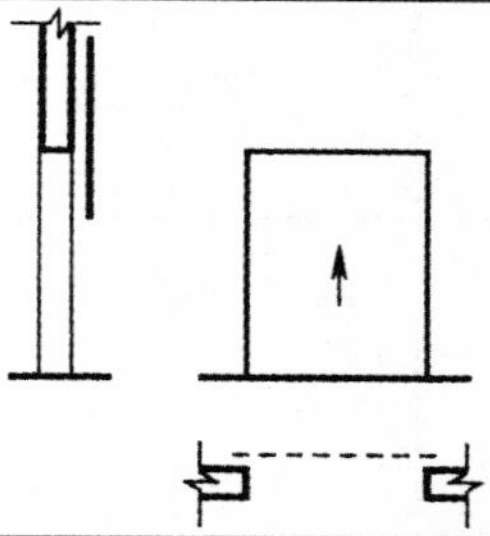	1.门的名称代号用 M 表示 2.平面图中,下为外,上为内 3.剖面图中,左为外,右为内 4.立面形式应按实际情况绘制
34	分节提升门	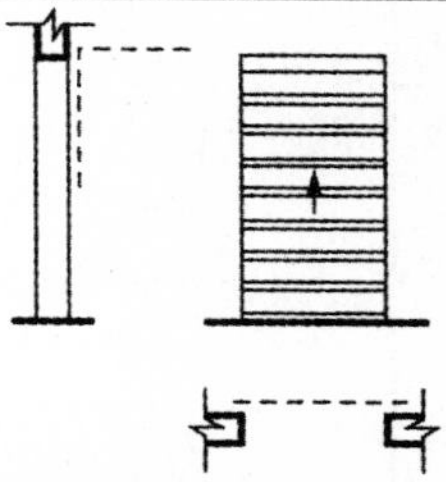	

序号	名　称	图　例	说　明
35	人防单扇防护密闭门	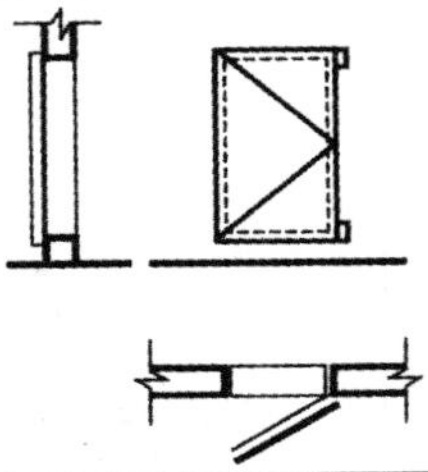	1.门的名称代号按人防要求表示 2.立面形式应按实际情况绘制
	人防单扇密闭门	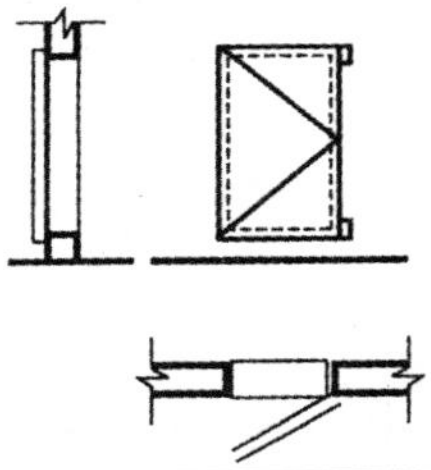	
36	人防双扇防护密闭门	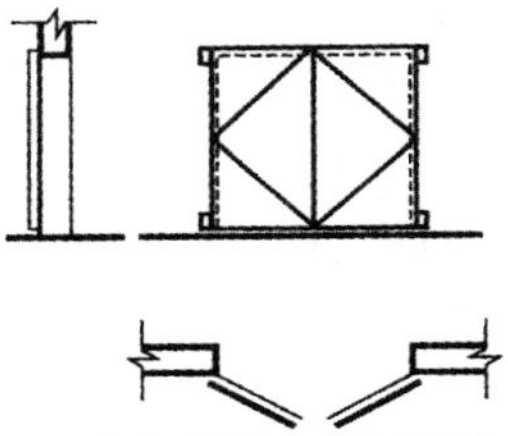	
	人防双扇密闭门	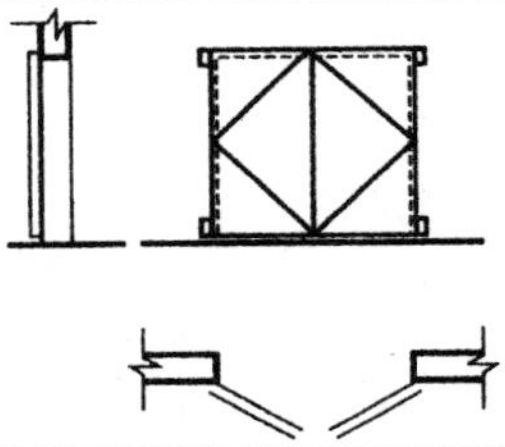	
37	横向卷帘门	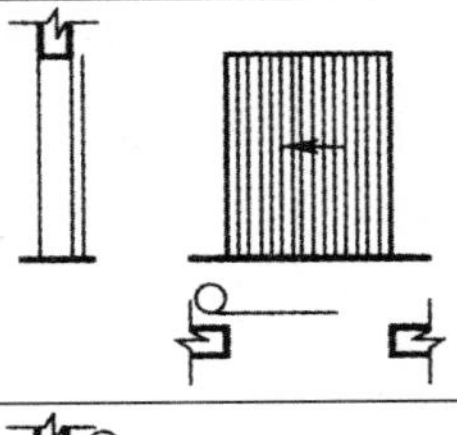	—
	竖向卷帘门	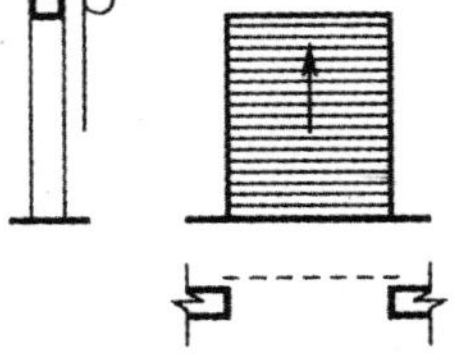	

166

序号	名　称	图　例	说　明
37	单侧双层卷帘门	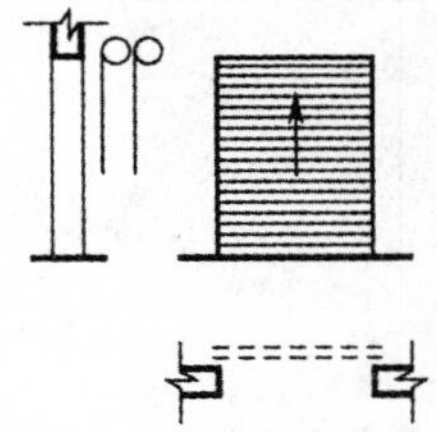	—
	双侧单层卷帘门	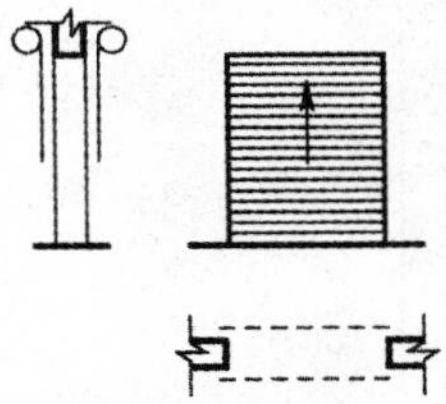	
38	固定窗	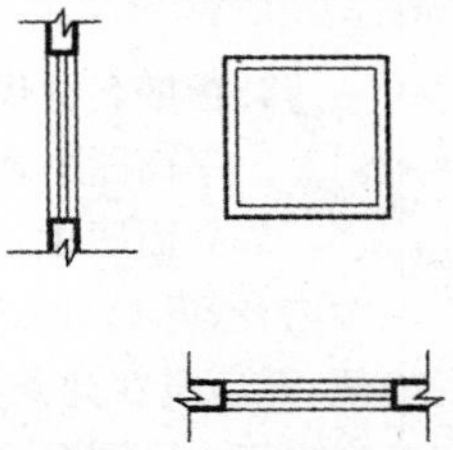	
39	上悬窗	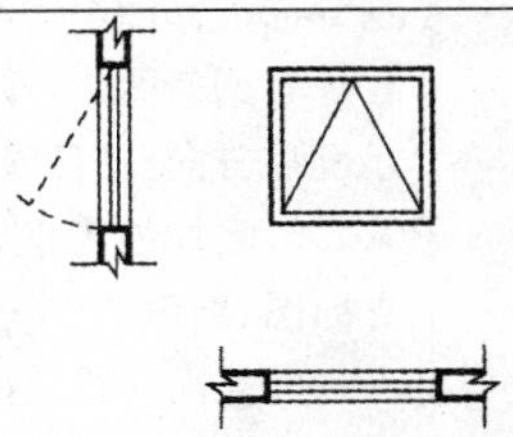	1.窗的名称代号用 C 表示 2.平面图中，下为外、上为内 　3.立面图中，开启线实线为外开、虚线为内开；开启线交角的一侧为安装合页一侧；开启线在建筑立面图中可不表示，在门窗立面大样图中需绘出
	中悬窗	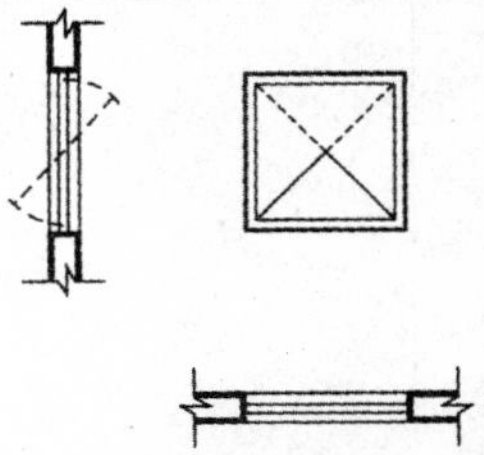	4.剖面图中，左为外、右为内；虚线仅表示开启方向，项目设计不表示 　5.附加纱窗应以文字说明，在平面图、立面图、剖面图中均不表示 　6.立面形式应按实际情况绘制
40	下悬窗	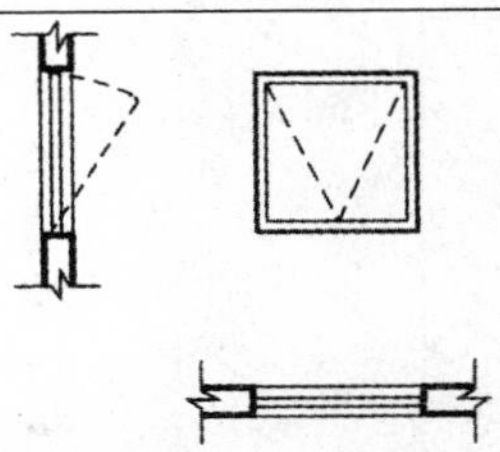	

167

序号	名　称	图　例	说　明
41	立转窗	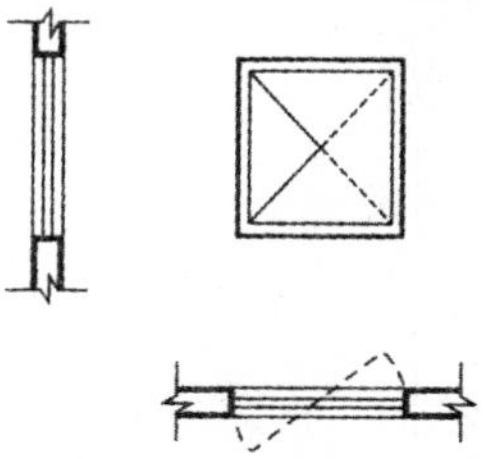	
42	内开平开内倾窗	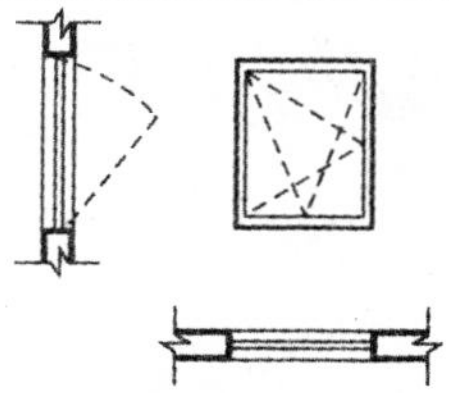	
43	单层外开平开窗	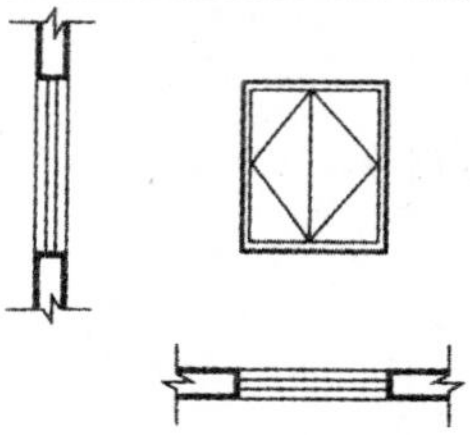	1.窗的名称代号用 C 表示 2.平面图中,下为外、上为内 3.立面图中,开启线实线为外开、虚线为内开;开启线交角的一侧为安装合页一侧;开启线在建筑立面图中可不表示,在门窗立面大样图中需绘出 4.剖面图中,左为外、右为内;虚线仅表示开启方向,项目设计不表示 5.附加纱窗应以文字说明,在平面图、立面图、剖面图中均不表示 6.立面形式应按实际情况绘制
	单层内开平开窗	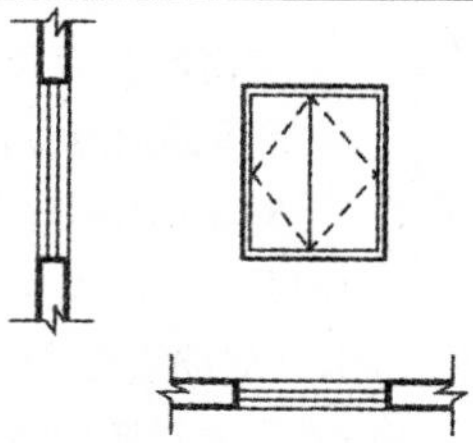	
	双层内外开平开窗	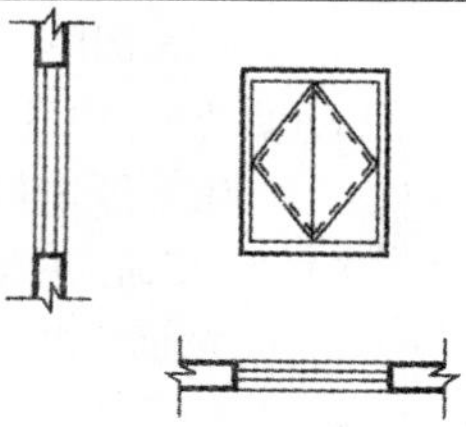	
44	单层推拉窗	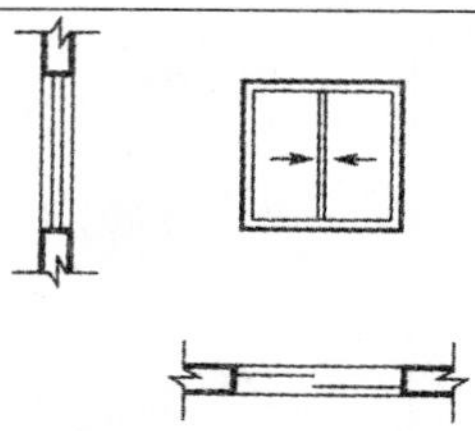	

序号	名　称	图　例	说　明
44	双层推拉窗		
45	上推窗		1.窗的名称代号用 C 表示 2.平面图中,下为外、上为内 　3.立面图中,开启线实线为外开、虚线为内开;开启线交角的一侧为安装合页一侧;开启线在建筑立面图中可不表示,在门窗立面大样图中需绘出 　4.剖面图中,左为外、右为内;虚线仅表示开启方向,项目设计不表示
46	百叶窗		
47	高窗	$h=$	5.附加纱窗应以文字说明,在平面图、立面图、剖面图中均不表示 　6.立面形式应按实际情况绘制
48	平推窗		

169

二、《总图制图标准》GB/T 50103—2010(节录)

3.2　总　平　面

3.2.1　总平面图例应符合表 3.2.1 的规定。

表 3.2.1　总平面图例

序号	名　称	图　例	备　注
1	新建建筑物	$X=$ $Y=$ ① 12F/2 D H=59.00 m	1.新建建筑物以粗实线表示与室外地坪相接处±0.00 外墙定位轮廓线 2.建筑物一般以±0.00 高度处的外墙定位轴线交叉点坐标定位;轴线用细实线表示,并标明轴线号 3.根据不同设计阶段标注建筑编号,地上、地下层数,建筑高度,建筑出入口位置(两种表示方法均可,但同一图纸应采用一种表示方法) 4.地下建筑物以粗虚线表示其轮廓 5.建筑上部(±0.00 以上)外挑建筑用细实线表示 6.建筑物上部连廊用细虚线表示并标注位置
2	原有建筑物		用细实线表示
3	计划扩建的预留地或建筑物		用中粗虚线表示
4	拆除的建筑物		用细实线表示
5	建筑物下面的通道		—
6	散状材料露天堆场		需要时可注明材料名称

序号	名　称	图　例	备　注
7	其他材料露天堆场或露天作业场		需要时可注明材料名称
8	铺砌场地	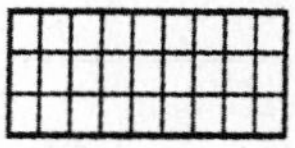	—
9	敞棚或敞廊	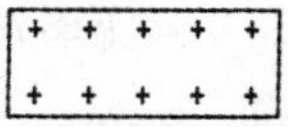	—
10	高架式料仓	 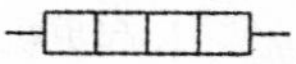	
11	漏斗式贮仓		左、右图为底卸式 中图为侧卸式
12	冷却塔（池）		应注明冷却塔或冷却池
13	水塔、贮罐	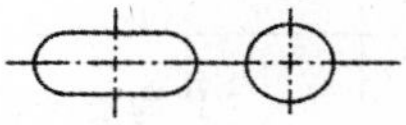	左图为卧式贮罐 右图为水塔或立式贮罐
14	水池、坑槽		也可以不涂黑
15	明溜矿槽（井）	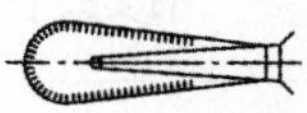	—
16	斜井或平硐		—
17	烟囱		实线为烟囱下部直径,虚线为基础,必要时可注写烟囱高度和上、下口直径
18	围墙及大门	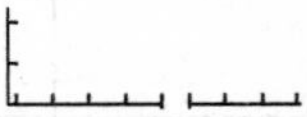	—

序号	名　称	图　　例	备　　注
19	挡土墙	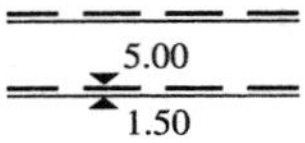 5.00　1.50	挡土墙根据不同设计阶段的需要标注墙顶标高墙底标高
20	挡土墙上设围墙		—
21	台阶及无障碍坡道	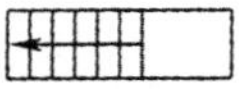 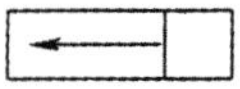	1. 上图表示台阶（级数仅为示意）2. 下图表示无障碍坡道
22	露天桥式起重机	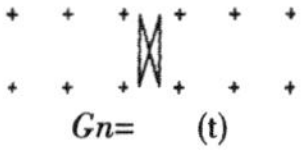 $Gn=$　(t)	1. 起重机起重量 Gn，以吨计算2. "+"为柱子位置
23	露天电动葫芦	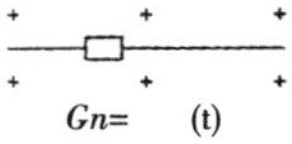 $Gn=$　(t)	1. 起重机起重量 Gn，以吨计算2. "+"为支架位置
24	门式起重机	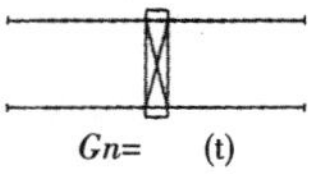 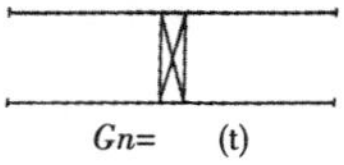 $Gn=$　(t) $Gn=$　(t)	1. 起重机起重量 Gn，以吨计算2. 上图表示有外伸臂，下图表示无外伸臂
25	架空索道		"I"为支架位置
26	斜坡卷扬机道		—
27	斜坡栈桥（皮带廊等）	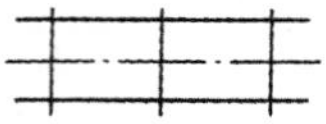	细实线表示支架中心线位置
28	坐标	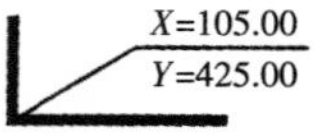 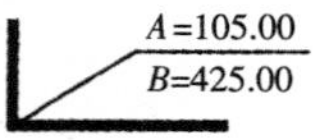 $X=105.00$ $Y=425.00$ $A=105.00$ $B=425.00$	1. 上图表示地形测量坐标系2. 下图表示自设坐标系坐标数字平行于建筑标注
29	方格网交叉点标高	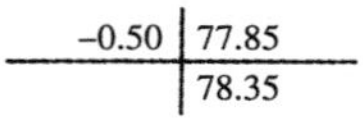 -0.50 ┃ 77.85 ┃ 78.35	图示中，"78.35"为原地面标高"77.85"为设计标高"−0.50"为施工高度"−"表示挖方（"+"表示填方）

序号	名　称	图　例	备　注
30	填方区、挖方区、未整平区及零点线	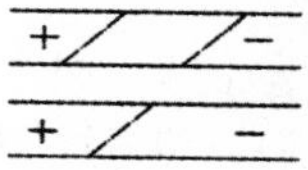	"＋"表示填方区 "－"表示挖方区 中间为未整平区 点划线为零点线
31	填挖边坡	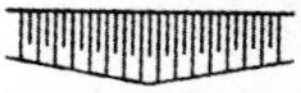	—
32	分水脊线与谷线		上图表示脊线 下图表示谷线
33	洪水淹没线		洪水最高水位以文字标注
34	地表排水方向		—
35	截水沟	 1 40.00	图示中"1"表示 1‰的沟底纵向坡度,"40.00"表示变坡点间距离,箭头表示水流方向
36	排水明沟	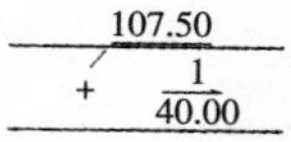 107.50 ＋ 1 40.00 107.50 1 40.00	1. 上图用于比例较大的图面,下图用于比例较小的图面 2. 图示中"1"表示 1‰的沟底纵向坡度,"40.00"表示变坡点间距离,箭头表示水流方向,"107.50"表示沟底变坡点标高(变坡点在"＋"表示)
37	有盖板的排水沟	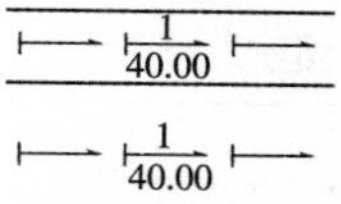 1 40.00 1 40.00	
38	雨水口		上图表示雨水口,中图表示原有雨水口,下图表示双落式雨水口
39	消火栓井		—
40	急流槽		箭头表示水流方向
41	跌水		

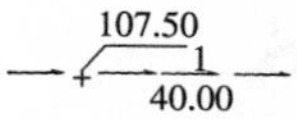

续表

序号	名　称	图　例	备　注
42	拦水 (闸)坝		—
43	透水路堤		边坡较长时,可在一端或两端局部表示
44	过水路面		—
45	室内 地坪标高	151.00 (±0.00)	数字平行于建筑物书写
46	室外 地坪标高	143.00	室外标高也可采用等高线
47	盲道		—
48	地下车库 入口		机动车停车场
49	地面露天 停车场		—
50	露天机械 停车场		露天机械停车场

3.3　管　线

3.3.1　管线图例应符合表 3.3.1 的规定。

表 3.3.1　管线图例

序号	名　称	图　例	备　注
1	管线	——代号——	1. 管线代号按国家现行有关标准的规定标注 2. 线型宜以中粗线表示
2	地沟管线	＝代号＝ 代号	—
3	管桥管线	—+代号+—	管线代号按国家现行有关标准的规定标注
4	架空电力、 电信线	—○代号○—	1. "○"表示电杆 2. 管线代号按国家现行有关标准的规定标注

3.4　园林景观绿化

3.4.1　园林景观绿化图例应符合表 3.4.1 的规定。

表 3.4.1　园林景观绿化图例

序号	名　称	图　例	备　注
1	常绿针叶乔木		—
2	落叶针叶乔木		—
3	常绿阔叶乔木		—
4	落叶阔叶乔木		—
5	常绿阔叶灌木		—
6	落叶阔叶灌木		—
7	落叶阔叶乔木林		—
8	常绿阔叶乔木林		—
9	常绿针叶乔木林		—
10	落叶针叶乔木林		—
11	针阔混交林		—
12	落叶灌木林		—

序号	名　称	图　例	备　注
13	整形绿篱		—
14	草坪	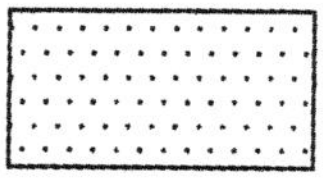 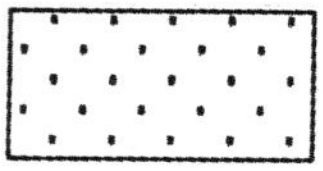 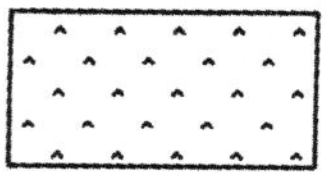	上图表示草坪,中图表示自然草坪,下图表示人工草坪
15	花卉		—
16	花丛	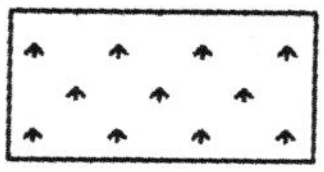 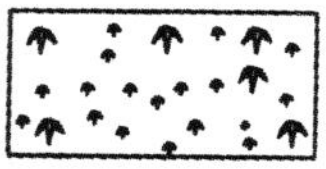	—
17	棕榈植物		—
18	水生植物	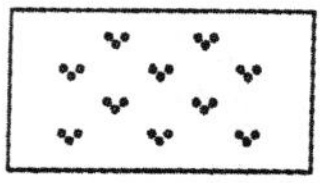	—
19	植草砖		—
20	土石假山		包括"土包石""石抱土"及假山
21	独立景石		—
22	自然水体	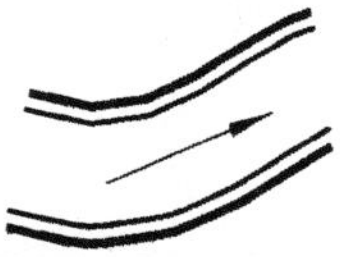	箭头表示水流方向

续表

序号	名　称	图　例	备　注
23	人工水体		—
24	喷泉		—

3.5　水平及垂直运输装置

3.5.1　水平及垂直运输装置图例应符合表 3.5.1 的规定。

表 3.5.1　水平及垂直运输装置图例

序号	名　称	图　例	备　注
1	铁路		适于标准轨及窄轨铁路,使用时应注明轨距
2	起重机轨道		—
3	手、电动葫芦	$Gn=$ (t)	
4	梁式悬挂起重机	(a) (b) $Gn=$ (t) $S=$ (m)	1.(a)图表示立面(或剖切面),(b)图表示平面 2.手动或电动由设计注明 3.需要时,可注明起重机的名称、行驶的轴线范围及工作级别 4.有无操纵室,应按实际情况绘制 5.本图例的符号说明: Gn——起重机起重量,以吨(t)计算 S——起重机的跨度或臂长,以米(m)计算
5	多支点悬挂起重机	$Gn=$ (t) $S=$ (m)	
6	梁式起重机	$Gn=$ (t) $S=$ (m)	

序号	名　称	图　例	备　注
7	桥式起重机	(a) (b) Gn= (t) S= (m)	1.(a)图表示立面(或剖切面),(b)图表示平面 2.有无操纵室,应按实际情况绘制 3.需要时,可注明起重机的名称、行驶的轴线范围及工作级别 4.本图例的符号说明: Gn——起重机起重量,以吨(t)计算 S——起重机的跨度或臂长,以米(m)计算
8	龙门式起重机	Gn= (t) S= (m)	
9	壁柱式重机	Gn= (t) S= (m)	
10	壁行起重机	(a) (b) Gn= (t) S= (m)	1.(a)图表示立面(或剖切面),(b)图表示平面 2.需要时,可注明起重机的名称、行驶的轴线范围及工作级别 3.本图例的符号说明: Gn——起重机起重量,以吨(t)计算 S——起重机的跨度或臂长,以米(m)计算
11	定柱式起重机	Gn= (t) S= (m)	

序号	名　称	图　例	备　注
12	传送带		传送带的形式多种多样,项目设计图均按实际情况绘制,本图例仅为代表
13	电梯		1.电梯应注明类型,并按实际绘出门和平衡锤或导轨的位置 2.其他类型电梯应参照本图例按实际情况绘制
14	杂物梯、食梯		
15	自动扶梯	下 上	箭头方向为设计运行方向
16	自动人行道		
17	自动人行坡道	上	

4　图　样　画　法

4.1　平　面　图

4.1.1　平面图的方向宜与总图方向一致,平面图的长边宜与横式幅面图纸的长边一致。

4.1.2　在同一张图纸上绘制多于一层的平面图时,各层平面图宜按层数由低向高的顺序从左至右或从下至上布局。

4.1.3　除顶棚平面图外,各种平面图应按正投影法绘制。

4.1.4　建筑物平面图应在建筑物的门窗洞口处水平剖切俯视,屋顶平面图应在屋面以上俯视;图内应包括剖切面及投影方向可见的建筑构造以及必要的尺寸、标高等;表示高窗、洞口、通气孔、槽、地沟及起重机等不可见部分,应用虚线绘制。

4.1.5　建筑物平面图应注写房间的名称或编号;编号应注写在直径为 6 mm 细实线绘制的圆圈内,并应在同张图纸上列出房间名称表。

4.1.6　平面较大的建筑物,可分区绘制平面图,但每张平面图均应绘制组合示意图,各区应分别用大写拉丁字母编号;在组合示意图中需提示的分区,应采用阴影线或填充的方式表示。

4.1.7　顶棚平面图宜采用镜像投影法绘制。

4.1.8　室内立面图的内视符号(图 4.1.8-1)应注明在平面图上的视点位置、方向及立面编号(图 4.1.8-2、图 4.1.8-3);符号中的圆圈应用细实线绘制;根据图面比例,圆圈直径可在 8～12 mm 中选择;立面编号宜用拉丁字母或阿拉伯数字。

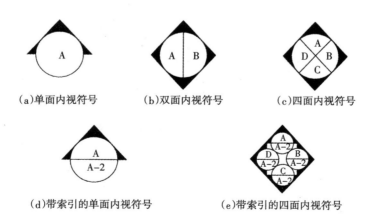

图 4.1.8-1　内视符号

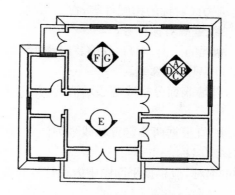

图 4.1.8-2　平面图上内视符号应用示例

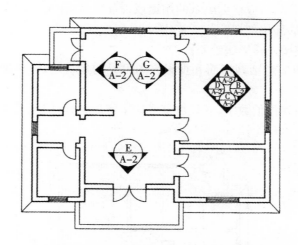

图 4.1.8-3　平面图上内视符号(带索引)应用示例

4.2　立　面　图

4.2.1　各种立面图应按正投影法绘制。

4.2.2　建筑立面图应包括投影方向可见的建筑外轮廓线和墙面线脚、构配件、墙面做法及必要的尺寸、标高等。

4.2.3　室内立面图应包括投影方向可见的室内轮廓线和装修构造、门窗、构配件、墙面做法、固定家具、灯具、必要的尺寸和标高及需要标明的非固定家具、灯具、装饰物件等;室内立面图的顶棚轮廓线,可根据具体情况只标明吊平顶或同时标明吊平顶及结构顶棚。

4.2.4　平面形状曲折的建筑物,可绘制展开立面图、展开室内立面图;圆形或多边形平面的建筑物,可分段展开绘制立面图、室内立面图,但均应在图名后加注"展开"二字。

4.2.5　较简单的对称式建筑物或对称的构配件等,在不影响构造处理和施工的情况下,立面图可绘制一半,并在对称轴线处画对称符号。

4.2.6　在建筑物立面图上,相同的门窗、阳台、外檐装修、构造做法等可在局部重点表示,并应绘出其完整图形,其余部分可只画轮廓线。

4.2.7　在建筑物立面图上,外墙表面分格线应表示清楚,并用文字说明各部位所用面材及色彩。

4.2.8　有定位轴线的建筑物,宜根据两端定位轴线号编注立面图名称;无定位轴线的建筑物,可按平面图各面的朝向确定名称。

4.2.9　建筑物室内立面图的名称,应根据平面图中内视符号的编号或字母确定。

4.3　剖　面　图

4.3.1　剖面图的剖切部位,应根据图纸的用途或设计深度,在平面图上选择能反映全貌、构造特征以及有代表性的部位剖切。

4.3.2　各种剖面图应按正投影法绘制。

4.3.3　建筑剖面图内应包括剖切面和投影方向可见的建筑构造、构配件以及必要的尺寸、标高等。

4.3.4　剖切符号可用阿拉伯数字、罗马数字或拉丁字母编号(图 4.3.4-1)。

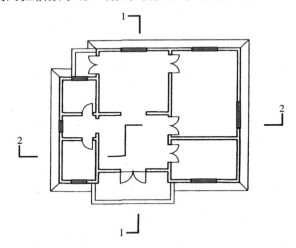

图 4.3.4-1　剖切符号画法示例

4.3.5　画室内立面图时,相应部位的墙体、楼地面的剖切面宜绘出;必要时,占空间较大的设备管线、灯具等的剖切面,亦应在图纸上绘出。

4.4　其　他　规　定

4.4.1　指北针应绘制在建筑物±0.00标高的平面图上,并应放在明显位置,所指的方向应与总图一致。

4.4.2 零配件详图与构造详图,宜按直接正投影法绘制。

4.4.3 零配件外形或局部构造的立体图,宜按现行国家标准《房屋建筑制图统一标准》GB/T 50001 的有关规定绘制。

4.4.4 不同比例的平面图、剖面图,其抹灰层、楼地面、材料图例的省略画法,应符合下列规定。

(1)比例大于 1:50 的平面图、剖面图,应画出抹灰层、保温隔热层等与楼地面、屋面的面层线,并宜画出材料图例。

(2)比例等于 1:50 的平面图、剖面图,剖面图宜画出楼地面、屋面的面层线,宜绘出保温隔热层,抹灰层的面层线应根据需要确定。

(3)比例小于 1:50 的平面图、剖面图,可不画出抹灰层,但剖面图宜画出楼地面、屋面的面层线。

(4)比例为 1:100~1:200 的平面图、剖面图,可画简化的材料图例,但剖面图宜画出楼地面、屋面的面层线。

(5)比例小于 1:200 的平面图、剖面图,可不画材料图例,剖面图的楼地面、屋面的面层线可不画出。

4.4.5 相邻的立面图或剖面图,宜绘制在同一水平线上,图内相关的尺寸及标高,宜标注在同一竖线上(图 4.4.5-1)。

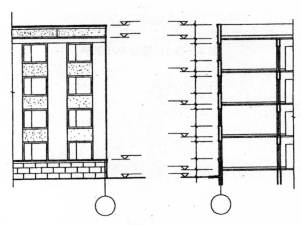

图 4.4.5-1　相邻立面图、剖面图画法示例

4.5　尺寸标注

4.5.1 尺寸分为总尺寸、定位尺寸和细部尺寸。绘图时,应根据设计深度和图纸用途确定所需注写的尺寸。

4.5.2 建筑物平面图、立面图、剖面图,宜标注室内外地坪、楼地面、地下层地面、阳台、平台、檐口、屋脊、女儿墙、雨棚、门、窗、台阶等处的标高；平屋面等不易标明建筑标高的部位，可标注结构标高，并加以说明；结构找坡的平屋面，屋面标高可标注在结构板面最低点，并注明找坡坡度；有屋架的屋面，应标注屋架下弦搁置点或柱顶标高；有起重机的厂房剖面图，应标注轨顶标高、屋架下弦杆件下边缘或屋面梁底、板底标高；梁式悬挂起重机应标出轨距尺寸，并应以米(m)计。

4.5.3 楼地面、地下层地面、阳台、平台、檐口、屋脊、女儿墙、台阶等处的高度尺寸及标高，应按下列规定注写。

（1）平面图及其详图应注写完成面标高。

（2）立面图、剖面图及其详图应注写完成面标高及高度方向的尺寸。

（3）其余部分应注写毛面尺寸及标高。

（4）标注建筑平面图各部位的定位尺寸时，应注写与其最邻近的轴线间的尺寸；标注建筑剖面各部位的定位尺寸时，应注写其所在层次内的尺寸。

（5）设计图中连续重复的构配件等，当不易标明定位尺寸时，可在总尺寸的控制下，不用数值而用"均分"或"EQ"字样表示定位尺寸（图 4.5.3-1）。

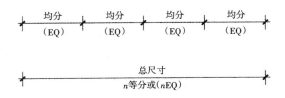

图 4.5.3-1　定位尺寸示例

参 考 文 献

1. 张明正. 建筑结构施工图识图与放样. 北京:中国建筑工业出版社,1998.

2. 朱福熙. 建筑制图. 北京:高等教育出版社,1982.

3. 孙沛平. 怎样看建筑施工图. 3版. 北京:中国建筑工业出版社,1999.

4. 倪福兴. 建筑识图与房屋构造. 北京:中国建筑工业出版社,1997.

5. 黄钟琏. 建筑阴影和透视. 上海:同济大学出版社,1989.

6. 杜汝俭,刘管平. 园林建筑设计. 北京:中国建筑工业出版社,1986.

7. 乐嘉龙. 外部空间与建筑环境设计资料集. 北京:中国建筑工业出版社,1993.

8. 中国标准设计院. 环境景观滨水工程. 北京:中国计划出版社,2011.

9. 国家标准. 总图制图标准. 北京:中国计划出版社,2011.

10. 国家标准. 建筑制图标准. 北京:中国计划出版社,2011.